# 自然的好

## 你知多少？

[法] 尼古拉·盖冈
塞巴斯蒂安·梅那里  著

李佳  译

格致出版社　上海人民出版社

# 前 言

您服用过维生素 G 吗？什么？没有？太遗憾了，您真应该吃点儿！因为它不但对您的身体和精神状态有好处，更可保护地球，造福子孙后代。您问什么是维生素 G？维生素 G 就是生命维生素！

维生素 G（Green Vitamine，绿色维生素）当然并不存在，它实际上指的是人们周围环境中的植物（如树木和花草）给人们带来的种种益处。近一个世纪以来，人类在逐渐摆脱了自然束缚的同时，也与自然渐行渐远。随着城市化脚步的加快，大量农村人口涌入城市，我们和我们的后代离开了森林与河畔，离开了绿草如茵的山坡，将真实的自然抛诸脑后。我们忙碌的生活和休闲模式听命于市场营销，却忘记了在我们的身边，有一些简单的活动，它们与自然相关，它们会让我们身心愉悦。比如莳花弄草，在您家的阳台上玩玩园艺，爬爬山，去森林或河边散散步……

　　本书将对环境心理学的部分研究成果按照主题进行梳理。环境心理学主要研究人的临近客观环境对人的心理、身体、精神和行为的影响。在本书的第一部分，我们主要研究临近自然环境对个体的影响。植物、太阳、月亮，这些都是构成自然的要素。我们可以看到、触摸到、感觉到自然给我们和我们的孩子带来的好处，正如您将在这本书中看到的，自然会让我们的心情更加舒畅，减少压力和疾病。但这并不是说我们必须整日生活在森林中才能感受到自然的益处。只需要将自然带入我们的生活环境，让它出现在我们的家中、我们的工作场所、生活场所甚至医院、学校和监狱。

　　不知不觉中，我们周围的自然元素会影响我们的社会互动和身心健康。全面了解这些影响有助于我们修复与自然之间的天然联系。城市化的飞速发展、过于现代而机械的生活、对于物质享受的追求，这一切让我们忘记了自然，忘记了它曾经是多么重要，忘记了它对我们的身心依然重要。充分了解自然与人的关系可以让我们重新审视它巨大的价值，尽我们所能去保护它，为了我们的明天！

# 目 录

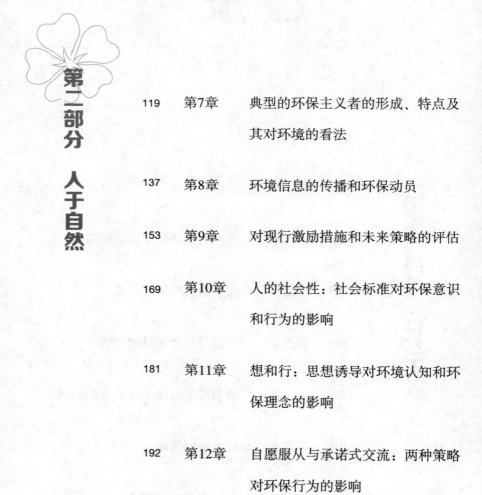

# 第一部分

## 自然于人

　　在本书的第一部分，我们主要探讨自然和自然元素对人的行为和身心健康的影响。首先，我们将来到植物最多样化的地方——森林，一起来领略它的魔力。当我们置身其中，森林会给我们的大脑和身体带来意想不到的好处。其次，我们将探讨"看到"自然元素会给我们带来怎样的不同。从教室、家中、办公室，甚至监狱的窗外看到"绿色"都会让人们大受裨益。再次，我们将看到自然可以改善人们，尤其是孩子的认知和学习表现。所有这些研究都证明，在我们无法逃离的日常环境中为树木和花草留有一席之地有多么必要。它们的存在会改善我们的社会关系，提高日常生活的舒适度，增强心理承受力。你会发现，植物不仅能影响人的内在，还能促进社会关系的健康发展：人们会更容易结识朋友，与人为善，甚至爱上一个人。但是，"看"只是第一步，与自然元素互动，陪伴其左右，会带来更加积极的影响。在一些学校，我们看到孩子们在小花园中绽放的笑脸，他们播种、育苗、除草、浇水，观察生命的成长过程并一起摘取劳动果实。研究表明，我们应该多鼓励孩子们参加园艺活动，它不但能改善孩子们的学习表现，而且当他们长大成人后，会更加尊重环境和自然。这项活动对老年人也很有帮助，尤其当他们被病痛折磨时。我们的环境，并不仅仅是我们看到的和感触到的，还包括我们听到的和闻到的：它们可能来源于我们的物品、我们的城市，还有大自然。它们可能有益，也可能有害，这由其性质决定。有些声音会降低孩子的学习能力，而有些，尤其是来自自然的声音，却能使那些刚刚做过手术的病人获得平静和安慰。最后，我们将一起探寻广义的自然元素对我们的影响：四季更迭、太阳、月亮、下雨……这些对我们来说是再正常不过的存在，以至于会忽略它们对我们的影响。

# 第1章

## 自然对健康和生活的裨益

# ▌林中漫步

常言道：饭后百步走，活到九十九。的确，步行是一种很好的体育锻炼。不过研究显示，在自然环境中进行步行锻炼会大大提高运动效率。

邦恩—金·帕克等（Bunn-Jin Park et al., 2009）做过一个实验：将一群 22 岁的男性分成两组，让其分别在两个截然不同的环境中进行步行锻炼。第一天，第一组来到森林，第二组则留在交通繁忙的城市中央。两组的步行时间都是 15 分钟。之后，他们会坐在提前放置好的折叠椅上休息 15 分钟。第二天与第一天实验过程相同，但是两组人员互换（第一组到城市中，第二组到森林中）。在整个实验过程中，所有被试都要背一个背包，里面装有一个测量心脏活动参数（血压和心率）的仪器。为了让他们更好地适应，研究人员让这些年轻人在实验开始之前的早餐时间就背上了这个包。研究结果显示，实验之前，两组人的血压和心率水平相当。而在实验过程中，森林组成员的血压保持不变，城市组呢？血压上升！这个差异一直持续到实验结束之后，包括在折叠椅上休息的那 15 分钟。心率的测量结果呢？我们知道，心率因人而异，步行和坐着的心率也不一样，但是总体上来说，城市组的心率高于森林组，这种差异同样保持到在折叠椅上休息结束之后。

会不会是因为环境不同，锻炼遇到的阻力不同，所以才会有这些差异呢？研究人员认为，测量结果的差异之所以会一直保持到休息结束后，是因为环境变化是导致这一结果的根本原因，而非两种环境的锻炼阻力差异。由此可见，锻炼的环境会对锻炼者的某些心理因素产生影响。在研究人员看来，这一切都来源于压力荷尔蒙分泌的细微不同。还有一个与上述实验过程相似的实验证明，被试在城市环境中步行后的皮质醇（即压力荷尔蒙）浓度高于在森林中步行之后的浓度（Park et al., 2007）。

## ❀ 结 论

步行锻炼的确不错，但是为了更好地保护心脏健康，最好选择在自然环境中进行这项活动。以上研究证明了自然的运动环境对人的显著影响，而这影响来源于森林内在的美，来自它神秘、静谧的氛围。对于那些中断锻炼后重新开始或者不宜进行剧烈活动的人来说，选择树木茂密的环境锻炼会有事半功倍的效果。一份亲自胡克等（Hug et al.，2009）的研究数据表明：对于同样的体育锻炼，如自行车、划船机等，相较于室内，在室外进行这些锻炼时，人们会更容易坚持，运动的时间也更长。所以，自然环境似乎还能增强人们坚持锻炼的决心。

 **森林抵抗力**

日本人将在森林中的散步称作"shinriyoku"，他们对于这项活动做了不少科学研究。比如刚刚我们看到的那项研究证明：相较于城市环境，在森林中步行对心率和血压更为有益。但其功效似乎远不止于此，一些研究表明，在森林中步行还可以增强我们的免疫力。

东京医学院的奎恩·李（Quin Li）一直致力于研究森林步行对免疫系统的影响。他近期的研究（Li，2010）证明了在森林中徒步对个体免疫应答的多种好处。他其中的一项研究（Li et al.，2008a）是让人们在两天的时间内，在森林中的两个地点交替进行步行锻炼。每天早晨和傍晚，工作人员会进行 NK 细胞活性测定（natural killer，自然杀伤细胞，它是人体重要的免疫细胞，不仅可以对抗入侵人体的有机体，还可以对抗肿瘤细胞）。在森林徒步锻炼结束的 7 天和 30 天内还会再检测两次。检测结果参见图 1.1。

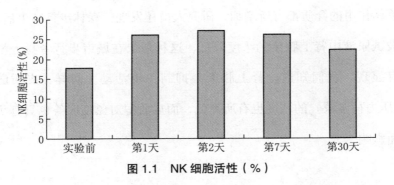

图 1.1　NK 细胞活性（%）

如图所示，森林环境对免疫系统的益处立竿见影（第 1 天），而且我们发现，虽然仅仅在森林中停留两天，但它对免疫系统的积极影响会一直持续到 30 天后。

所以，森林环境会增强人体免疫力，这种影响与性别无关。值得注意的是，免疫力的提高是运动的环境——森林带来的，而非运动本身。

奎恩·李的另一项研究（Li et al., 2008b）显示，森林环境能显著提高 NK 细胞活性，而在城市中徒步旅行对于 NK 细胞活性没有任何作用。李的另一些研究揭示了 NK 细胞活性提高的机理。一方面，森林锻炼使得被试体内的 NK 细胞的数量增加（Li et al., 2010），而且会一直保持到 30 天后；另一方面，免疫应答中的其他因素，如穿孔蛋白、颗粒酶等，以及一些帮助 NK 细胞实现其杀伤作用的介质都有所增加。研究人员还发现，森林步行结束后，被试尿液中肾上腺素的浓度降低，这种现象在城市步行者身上没有显现。我们知道，肾上腺素会抑制免疫活动。同样，皮质醇（压力荷尔蒙）的浓度也有所降低，而皮质醇对免疫应答也具有负面影响。

## ❀ 结 论

森林环境可以增强人的免疫应答。此外，我们再一次发现，这不是由步行锻炼，而是由步行的环境带来的。但这并不是说，只有在森林中步行才会给身体带来好处，在山林中、海边、乡村甚至沙漠中的徒步旅行都会有这种功效。而且，这种功效会持续到旅行结束后的 30 天。所以，一月一次，在森林中来一次放松的徒步旅行，这可能要成为那些"压力山大"人士的必做功课喽！

# 3 乡村医院

　　您是否觉得，每次去医院时，看到医院的建筑都会有一种"火上浇油"的感觉，它会让您本就焦虑的心情变得更加焦虑。有人认为，没有必要在医院的建筑和环境上多花心思，重要的是医院的医疗设施和医护人员的医疗水平。这似乎有一定道理，但是说这话的人没有考虑到病人的健康状态、康复速度与环境的密切关系。病房窗外的景色对于病人术后的康复起到至关重要的作用。

　　乌里奇（Ulrich，1984）曾做过这样一个研究：在十年间对在同一家医院刚刚进行过胆囊切除手术的病人进行评估，病人的年龄跨度从 20—69 岁不等。像众多其他类型的消化器官手术一样，胆囊切除手术在术后阶段特别痛苦。病人术后在医院停留的这段时间里，研究人员会研究对比如下实验参数：住院时间、每天使用止痛剂的次数和剂量、针对焦虑的治疗（镇静剂、巴比妥酸剂等）的频率和剂量。研究人员将使用止痛剂的情况分为强、中、弱三个等级。最后还要观察病人的轻微并发症，如恶心、持续头痛等，以及护士对于病人康复情况的评估。研究人员会根据病人的状况打分，比如如果因为疼痛而哭泣就 −1，如果爱笑、爱开玩笑就 +1。这些病人的病房朝向一致，但由于建筑本身原因，有些病人的房间可以看到树木，有些病人的房间则面朝医院另一栋建筑的砖墙，病房的窗户与树之间的距离和到砖墙之间的距离相同。

研究结果显示，"树景房"中的病人平均住院时间为 7.96 天，而"墙景房"中的病人平均住院时间是 8.70 天。同时，在住院期间，对于住在"墙景房"中的病人，护士报告的负面情况的频率为 3.96，而"树景房"的这一数字是 1.13。关于镇痛剂的使用情况，根据住院阶段分解说明见表 1.1。

表 1.1　镇痛剂使用平均值

| 镇痛剂使用 | 墙景房 | 树景房 |
|---|---|---|
| 0—1 天 | | |
| 强 | 2.56 | 2.40 |
| 中 | 4.00 | 5.00 |
| 弱 | 0.23 | 0.30 |
| 2—5 天 | | |
| 强 | 2.48 | 0.96 |
| 中 | 3.65 | 1.74 |
| 弱 | 2.57 | 5.39 |
| 6—7 天 | | |
| 强 | 0.22 | 0.17 |
| 中 | 0.35 | 0.17 |
| 弱 | 0.96 | 1.09 |

由此我们可以看出，术后初期，两组病人没有显著差异，但很快，能看见树木的这组病人服用止痛剂的剂量大幅下降。关于抗焦虑的治疗，研究人员并没有发现区别。但是，"树景房"中的病人术后的并发症要少于"墙景房"中的病人。

通过以上研究我们可以看出，树木的存在对于患者的康复起到了积极的作用，这是他们从病房的窗户能够看到的唯一景观。其他一些研究也印证了这一观点：桑德拉·怀特豪斯（Sandra Whitehouse）与她的同事（2001）研究表明，医院内树木茂密的花园会减少医院来访者的焦虑情绪，即便他们因为亲属的疾病而感到焦虑（比如他们的子女正在接受手术），但其在医院停留的时间有所增长。桑德拉还指出，这样的一个花园对于舒缓医院工作人员的压力也有帮助。

## 结 论

如果病人的康复受到窗外景观的影响，那么对医院的环境多花些心思就是值得的。虽然研究人员只比较了两种景观——树木与砖墙，并不能由此及彼、一概而论，但至少，通过这个研究，我们了解了病房外部环境对病房中病人的健康和康复的影响。所以，决策者和建筑师在建造或整修医疗类机构的时候，应该考虑在医院内栽种树木。有一天，当人们意识到树木的多少与住院时间长短的关系后，栽种树木的费用就应该让社会保险来承担了！

 **医疗机构中的植物**

　　虽然我们知道，病房窗外的绿色植物会对病人的身体有益，但外部环境的营造会受到各种条件制约，并不一定总能实现。所以，另一种解决方法就是在病房内摆放植物。一些研究表明，这对于病人也有益处，而且还能节约医院的经费。

　　帕克和扬（Park and Young，2009）跟踪研究了一组年龄为36岁、要进行甲状腺切除术（全部或部分切除甲状腺）的女性患者。实验持续时间为6个月，研究人员严格选择了6间完全一样的病房，房间内设施相同，处于医院的同一区域，而且病房窗外看到的建筑物也一模一样。他们随机选取了3间病房，在地板和家具上摆放绿色植物和鲜花。住院时间和镇痛剂的使用情况是这个实验两项主要的考量依据，同时也会定期测量某些生理参数，如心率和血压等。研究人员还请病人根据自己的主观感受填写表格，内容包括疼痛强度、慢性疼痛、焦虑和疲劳程度等。最后，还要对病房进行评估（舒适度、整洁度、是否让人感觉放松等）。

统计结果显示，病房中摆有植物的一组病人平均住院时间（6.08 天）短于病房中没有植物的一组病人（6.39 天）。关于镇痛剂的使用情况，结果见表 1.2。

表 1.2　镇痛剂使用量及使用比例

| 镇痛剂使用量 | 有植物病房 | 无植物病房 |
| --- | --- | --- |
| 第 1 天 | | |
| 强 | 26% | 28% |
| 中 | 74% | 72% |
| 弱 | 0% | 0% |
| 第 2—3 天 | | |
| 强 | 0% | 3% |
| 中 | 55% | 68% |
| 弱 | 45% | 29% |
| 第 4—5 天 | | |
| 强 | 0% | 0% |
| 中 | 6% | 10% |
| 弱 | 94% | 90% |

总体上，除了第一天，有植物病房中的病人的镇痛剂使用量低于无植物病房中的病人。对两组病人的生理参数的测量结果无

差别。根据病人填写的表格来看，有植物病房的病人感受到的疼痛强度弱于无植物病房组，其焦虑和疲劳度也更低。而且相较于无植物病房组，他们对自己病房的评价也更高。

所以，我们看到，医院病房中摆放植物有着积极的作用，其中缓解疼痛和缩短住院时间这两点尤为重要。在这项研究中，实验对象均为女性。但是帕克（Park）和马特森（Mattson）之前还做过一次研究（2008），实验对象为刚刚接受过阑尾炎手术的男性和女性患者，实验结果与此也基本一致。研究人员还发现，在整个住院期间，植物还可以帮助降低血压和心率。一些研究人员长期跟踪了病人的健康状况后，也发现了同样的现象。

蕾娜斯、帕蒂尔和哈蒂格（Raanaas，Patil and Hartig，2010）研究了一些疗养院中的病人，他们要么因为心脏问题接受了外科手术（梗塞、搭桥术等），要么有肺部问题（慢性阻塞性肺病、哮喘等）。研究人员在疗养院的不同地点，如客厅、餐厅、图书馆等地方摆放了大量植物，且定期对病人的身体状况进行测量，并与摆放植物之前的数据进行比较。结果显示，在整个实验期间，病人的身体状况逐步有了改善。而且，这种改善并没有因为病人适应了植物而降低。其效果是持续的。

结 论

我们发现，病房中摆放花草对病人的术后康复非常有益。究其原因，可能是因为病房是病人迫切想要离开的地方，植物的存在对病人的心理产生了积极的影响，让病房变得更加舒适，不再那么冰冷。不可否认，花草可能会带来一些卫生或过敏的问题，但它们功大于过，还是值得一试。也许有一天，社会保险可以报销我们买植物的钱！

# 5 植物带来健康

孩子们身心健康是我们最大的期盼。我们刚刚看到医疗机构中的植物对病人的康复有着积极的影响。研究表明，教室中摆放植物，还可以改善孩子们平日里的身体不适。

弗吉尔德（Fjeld，2000）做过一项研究，实验对象是一个学校里14—16岁的学生。研究人员在三个班级的地上和教室一面大部分的墙上摆放了大量的绿色植物，将另外一些没有摆放植物的班级的学生作为对照组，两组学生的年龄相同。一个月中，孩子们会填写评估问卷，问卷由三部分组成：神经心理问题（劳累、恶心、头痛等）、五官问题（咳嗽、感觉嗓子干或疼痛等）和皮肤问题（皮肤干燥、轻度发炎）。学生们还会填写另一张问卷，看他们如何评价自己所处的环境（美观、舒适、空气质量、是否宽敞等）。为了比较植物的存在是否影响学生对于环境的评价及其对学生健康状况的影响，研究人员会将实验组与对照组的问卷结果进行比较，以此衡量植物是会加重还是减轻某些身体不适感。对比结果参见表 1.3。

表 1.3　有植物班级症状减少的比率

|  | 有植物班级症状减少 |
|---|---|
| **神经心理症状** |  |
| 疲　劳 | 9% |
| 感觉头沉 | 15% |
| 头　痛 | 37% |
| 精神集中问题 | 16% |
| **五官症状** |  |
| 眼睛疼痛 | 30% |
| 感觉气闷 | 36% |
| 嘴干，疼痛 | 17% |
| 咳　嗽 | 4% |
| **皮肤症状** |  |
| 脸部发红 / 发热 | 25% |
| 头皮痒 | 20% |
| 手干或痛 | 21% |

　　可以看出，班级里摆放植物的学生的某些身体不适减少了。

而且，他们认为自己的教室更加舒适，令人振奋，空气质量更好。让人觉得矛盾的是，虽然植物占据了教室空间，他们反而觉得自己的教室更加宽敞。

这项研究显示，植物对学生的身体状况有着积极的影响。其他研究虽然对于学生的身体状况采用了其他测量方法，但得到的结论相同。韩（Han，2009）通过在一所高中所做的实验发现，摆放植物的班级中的学生病假缺勤率低于其他班级。

 **结 论**

植物对学生的健康有益，植物的存在让学生有了更好的心理感受。这一现象引人深思，在条件允许的情况下，应该在学校内摆放更多的植物，这并不会花费太多。

## 6　绿色耐受力

人们常说：最强大的力量莫过于自然。可您是否知道，自然也可以让人类变得更加强大。前面我们看到，无论是在病房内还是病房外，医院中绿色植物和鲜花的存在都会缓解病人对痛苦的感知，降低止痛药的使用量。此外，研究人员通过更深入的研究发现，植物的存在可以增强人对痛苦和不适的抵抗能力。

洛尔和皮尔森—米姆斯（Lohr and Pearsons-Mims，2000）做了一项研究，他们请一些大学生在一个小房间中完成一项特殊任务：将他们的非主要手臂（左撇子就是右手，右撇子就是左手）放入冰水中，直到不能承受为止。在实验开始前，所有人都把手放到 37 摄氏度的水中浸泡 2 分钟，以确保所有人的皮肤温度相同。然后，他们把手放到装满冰水的浴缸中，研究人员记录能够坚持 5 分钟的人数。所有参加实验的大学生被分成 3 组：一组的室内摆放有绿色植物（植物条件）；一组的室内摆放有彩色的装饰物品，让房间看起来更美观（装饰物条件）；最后一个房间既没有植物也没有装饰物（对照条件）。结果见图 1.2。

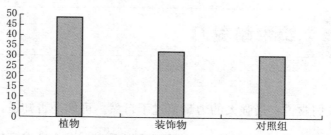

图 1.2　坚持满 5 分钟没有将手拿出的人数百分比

由图可以看出，在有植物的环境中，坚持到规定时间的人数最多。相较于对照条件组，摆放装饰物似乎并没有什么效果，这就排除了植物的作用来自它们的装饰功能。

可以说，植物的存在增强了人对痛苦的忍耐力。这一结论在帕克、马特森和金姆（Park，Mattson and Kim，2004）的实验中得到印证。他们的实验方法基本相同，但是实验对象是女大学生，实验地点是三间模拟的医院病房，类似于护士学校的培训室。一间摆放开花植物和室内植物，一间只有室内植物，还有一间没有植物。研究人员让她们将手放入 0 摄氏度的水中，坚持尽可能长的时间。每个被试都带有一个皮电反应测试器，用来测量痛苦给她们带来的压力。在实验结束后，她们还要完成一张表格，按照级别来填写自己感受到的痛苦程度。实验结果再一次表明，植物增强了人对寒冷的忍受能力，降低了对痛苦的感受度，皮电反应指数较低，自控能力更强。实验显示，绿色植物和开花植物同时存在时效果更强。

## ❀ 结 论

植物可以增强人（无论男女）对痛苦或者不适的忍耐力。而且这并不是因为植物的装饰作用，因为装饰物并不能达到这种效果。研究人员认为，开花植物或者绿色植物产生的舒适促进了内啡肽的分泌，而内啡肽是天然的镇痛剂，可以增强人对痛苦的忍受能力。前面我们看到，植物对缓解术后病人痛苦、降低镇痛剂的使用有着积极的作用，但是在这种实验条件下他们与植物接触数日，时间较长。而在刚刚我们看到的实验中，与植物短短几分钟的接触就让被试的心理状态发生改变，增强了他们的耐受力，这着实让人惊讶。似乎只要看到植物，人体内的某种能力就会被自动激发出来。这也许就是植物之于我们的魔力吧！

 **减轻囚禁之苦**

在前面的章节中我们看到，仅仅是看到窗外的树木和自然风景就足以改善术后病人的身体状况。研究人员还发现，窗外的景色对监狱服刑人员的健康同样会产生很大影响。

摩尔（Moore，1981）将一所监狱的囚室分成两类，内侧囚室（囚犯看不到监狱外的景色）和外侧囚室（可以看到外面的景色，当时这座监狱的周围有绿色植被）。研究人员按照囚室位置记录囚犯因身体不适发出的求助次数，这是监狱里衡量囚犯压力和痛苦的一项参考依据。很多囚犯的身体不适都来自压力：大部分皮肤疾病（61% 的情况）、呼吸问题和肠胃不适都与病人的心理状况相关。

研究人员在对 2648 名囚犯的求助行为进行评估之后发现，外侧囚室中的囚犯的求助次数相对较低，尤其是那些可以从囚室看到附近农场和森林的囚犯。研究人员认为这些景观转移了囚犯的注意力，让他们降低了对自己所处环境的关注度，减轻了自由被剥夺带来的紧张感，发生健康问题的几率降低，尤其是那些受心理状态影响较大的疾病。

由此我们可以发现，囚室外的景观会影响囚犯的求助次数。这一研究结果也被后来的一些研究证实（West，1986）。研究人员指出，服刑期间在有绿色植被的环境中劳动（修剪树木、园艺劳动）的犯人出狱后再犯的几率（出狱后 4 个月内有 6% 的人又被逮捕）低于从事室内劳动的犯人（出狱后 4 个月内 29% 的人再犯）。

## 结 论

对于服刑人员来说，监狱是一个充满压力和痛苦的空间。我们知道，囚室窗外的景色并不能改变这一事实，但是它却可以缓解监狱环境给囚犯带来的负面影响。这一因素在重建或整修监狱时应该被考虑在内。

**8　绿色让我更苗条**

众所周知，我们生活的环境会影响我们的能量消耗和食量。所以，一个人住得离超市越近，他就会买更多的新鲜产品和水果，因为他具备经常购物的客观条件。我们也知道，人们更愿意在鲜花盛开的街道或城市中的小公园散步，这对于预防肥胖——这个现代都市挥之不去的噩梦有很大好处。

贝尔、威尔森和刘（Bell，Wilson and Liu，2008）曾跟踪研究过几千个3—16岁的儿童。这些孩子两年中一直生活在同一个地方，研究人员首先取得了他们的BMI指数（Body mass index，即身体质量指数，通过身高和体重的关系来衡量身体的胖瘦程度）。两年后，研究人员再一次测量这些孩子的 BMI 指数，同时通过卫星照片，计算这些孩子住所附近同等面积内的绿化率。人口密度也是评估要素之一。通过与两年前的数据进行对比，来找出人的 BMI 指数的增长或降低是否与其生活环境的绿化率和人口密度相关。

研究结果显示，人口密度对儿童的 BMI 指数没有影响。然而，生活环境的绿化程度却与其有密切关系。儿童住所周围的绿化率越低，BMI 指数越高；绿化率越高，BMI 指数越低。

## 结 论

一个孩子周围生活环境的绿化面积与其肥胖风险相关。绿化率较高的区域就像是一种肥胖疫苗，孩子们可以在这样的地方进行更多的身体活动，从而消耗更多热量，预防体重增长。儿童时期的肥胖可能会影响其成年后的体重，且增加了患病风险（心血管疾病、糖尿病、重复使力伤害）以及带来一些负面的心理影响（自我评价过低、缺乏自信等）。

## 9 绿色与健康

　　前面我们看到，无论是窗外的自然景色还是在室内摆放植物，都有助于减轻术后病人的痛苦，还可以增强人的免疫力。所以，我们推断，绿化面积与疾病的发病率相关，也就是说，绿化面积越大，疾病的发病率越低。

　　麦斯等（Mass et al.，2009）在荷兰针对40万人展开了一项调查，研究人员可以查阅这些人的医疗档案。换句话说，研究人员掌握了他们曾经得过或正在治疗的所有疾病。借助透明表格（将绘有正方形的透明纸放到地图的不同区域），研究人员确定了研究对象住所附近相同区域内的绿化面积和建筑面积。然后，研究人员将这些居民分成两组，一组人住所附近区域的绿化面积是10%，另一组是90%，然后将他们的疾病发病率进行对比，两组居民每种疾病在1000人中的发病率对比见表1.4。

　　我们发现，绿化面积的差异导致某些疾病的得病率相差悬殊。这也可归咎于人口差异，但是研究人员在研究过程中对居民的社会经济地位因素进行了控制。

表 1.4　1000 人中的疾病发病率

| | 绿化面积占 10% | 绿化面积占 90% |
|---|---|---|
| **心脑血管疾病** | | |
| 高血压 | 23.8 | 22.4 |
| 心肌疾病 | 4.7 | 4.0 |
| 冠状动脉疾病 | 1.9 | 1.5 |
| 脑血管意外 | 0.9 | 0.8 |
| **重复使力伤害** | | |
| 背 / 颈疼痛 | 125 | 106 |
| 背部剧烈疼痛 | 99.2 | 65.8 |
| 肩颈部剧烈疼痛 | 75.6 | 63.3 |
| 肘部、腕部和手部剧烈疼痛 | 23.0 | 19.3 |
| 骨端病变关节炎 | 21.8 | 21.3 |
| 关节炎 | 6.7 | 6.2 |
| **心理疾病** | | |
| 抑　郁 | 32 | 24 |
| 焦虑症 | 26 | 18 |
| **呼吸系统疾病** | | |
| 上呼吸道感染 | 84 | 68 |
| 气管炎、肺炎 | 16 | 14.7 |
| 哮喘、慢性阻塞性肺疾病 | 26 | 20 |
| **神经疾病** | | |
| 偏头痛、剧烈头痛 | 40 | 34 |
| 头　晕 | 8.3 | 6.6 |
| **消化系统疾病** | | |
| 消化器官剧烈疼痛 | 14.9 | 12.3 |
| 肠道感染 | 6.5 | 5.1 |
| **其他疾病** | | |
| 不明原因 | 237 | 197 |
| 慢性湿疹 | 5.5 | 4.9 |
| 尿路感染 | 23.2 | 19.4 |
| 糖尿病 | 10 | 8 |
| 癌　症 | 4.9 | 4.4 |

**结 论**

维生素 G（可参见前言）对于预防某些疾病确实有效。与大自然的接触带来生理、心理和社会方面的多种好处，一定会让人的身体更加健康。

# IO 抗压植物

植物给我们身体带来的好处不仅仅是因为它们可以食用。研究显示，房间内摆放植物对人的生理方面，如血压、心率和荷尔蒙的分泌等都有影响。

洛尔、皮尔森—米姆斯和古德温（Lohr, Pearson-Mims and Goodwin, 1996）进行了一项研究，他们要求一组大学生完成一项任务，这项任务会使人产生压力。这些学生要做的是，当一个形状出现在屏幕上时，他们要立刻按下键盘上 3 个按键中代表这个形状的那一个。研究人员强调，学生们要以最快的速度按下按键，因为反应速度是最重要的参数。在进行实验的房间里，研究人员摆放了至少15盆室内植物，有些放在地上（最高可达2.25米），有些在桌子上（大约几十厘米高）。对照组的房间中没有摆放任何植物。研究人员借助一个全自动仪器分别在任务开始前、任务进行中和任务完成后测量了参与者的血压。结果见图1.3。

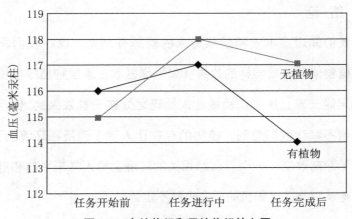

图1.3　有植物组和无植物组的血压

实验之前，两组学生的血压基本相同，但随着实验的进行，有植物组学生的血压上升速度要慢于无植物组（别忘了，他们所做的任务会产生压力）。

通过这个实验我们看到，虽然时间很短，但植物的存在可以缓解压力。另外一些研究在更自然的情况下对摆放植物的长期效果进行了研究。帕克和马特森（Park and Mattson，2008）观察了一些刚刚进行阑尾炎手术的病人，当病房中摆有开花植物和绿色室内植物的时候，病人的血压和心率更低一些，这种现象从住院第一天一直持续到出院。

 **结 论**

我们知道，水果和蔬菜对人的动脉有好处。现在我们发现，绿色植物似乎有着同样的效果。如果你喜欢在家里种植绿色植物，你一定能长寿。这些实验最让人惊讶之处在于其效果的迅速和持续。这不禁让我们想到，植物的存在让人对于他所在环境的认知发生了深刻改变。一个与自然相关的环境会给人带来平静和舒适。所以身体对此做出积极的反应也就不足为奇了。

# 11 镇痛之声

在前面的部分中，我们已经几次看到，病房内外植物的存在会减轻病人对痛苦的感知，减少镇痛剂的使用。然而因为种种原因，这样的环境并不总是能够实现。尤其是医院诊室或手术室这样对卫生条件要求极为严格的地方。但是我们可以通过其他途径来模拟自然环境，让病人从中受益。

迪埃特等（Diette et al., 2003）做过一项研究，跟踪观察在医院诊室进行支气管镜检查（这是一种内窥镜检查，可以看到支气管内部情况）的病人，我们知道，这种检查非常痛苦，会给病人带来极大的压力。一部分病人的检查在标准环境下进行，另一部分病人可以看到一幅描绘自然景色的画面（在一片鲜花盛开的绿色草地上流淌着一条美丽的小河，远处是连绵的山峰），检查过程中，病人一直戴着耳机，里面播放着涓涓溪流声和鸟叫声。检查结束后，研究人员请病人对以下几方面做出评价：检查过程中的痛苦程度、焦虑程度、呼吸的难易程度，以及能否接受再做一次类似的检查等。

结果显示，可以看到自然景色、听到自然声音的那组病人觉得自己遭受的痛苦更轻，呼吸更容易，对于再回到医院做类似检查表现出更少的抗拒，对自己刚刚所做的检查的评价也更加积极。

 结　论

如果不能给病人所处的环境增添真实的自然元素，那就使用一些可以让人联想到自然环境的方法。即便是虚拟的自然也对病人有益。研究人员认为，自然元素促进了某些神经传递素的分泌，而这种生理秩序的改变影响了人对痛苦的感知和控制。所以，鉴于自然元素的种种好处，我们应该尽可能地将其引入我们生活的环境。

# 第2章

## 园艺对人的好处

# 12 更好的体育活动

与植物和大自然的接触可以给人带来益处，园艺也一样。研究表明，园艺的作用不可小觑，种植植物通常会让人受益良多。

几项研究都试图证明：园艺，尤其是开始从事某项园艺活动可以改善人的身心状态。研究结果表明，园艺活动有很多优点。雷诺（Reynold，1999）做过一项研究，他发现经过 6 个月的园艺活动，人的手部肌肉力量增强，心输出量增加，身体恢复更快。雷诺（Reynold，2002）还发现，经过 3 个月的园艺劳动之后，人的精神状态得到改善，抑郁程度的评分降低。

帕克、休梅克和霍伯（Park，Shoemaker and Haub，2008）做了一项研究，他们给一群 63—86 岁的老人佩戴了遥感测量仪，用来测量他们在进行园艺活动时心脏的活动情况。然后在实验室对他们进行了心脏应力实验。最后请老人们回答一份评估身体状态和心理状态的问卷。研究显示，这些老人的身体状态符合健康标准（医生推荐老人通过一些体育活动应该达到的身体健康标准）。所以园艺活动不失为一种很好的体育活动。此外，研究人员还发现，这些老人的心理状态好于同年龄段没有进行园艺活动的老人的平均水平。

所以，园艺对人的身体健康和心理健康似乎都很有益。帕克、休梅克和霍伯（Park, Shoemaker and Haub, 2009）的另一项研究表明，喜爱从事园艺活动的人的手部力量和骨密度明显高于平均水平。这一点对于老年人十分有利，因为骨密度低是导致股骨颈断裂的因素之一，而股骨颈锻炼意外多发生在老年人身上。勒麦特和西斯克韦克（Lemaitre and Siscovick, 1999）的研究也证明，在各项被冠以温和之名的体育活动中，步行和园艺活动（每周不少于1个小时）对预防梗死都能起到重要作用。

## 结论

园艺是一项符合医生建议的理想活动。建造更多的城市花园这一举措在未来应该得到大力提倡和加强。日常的体育活动设施虽然花费与此差不多，也能让人进行体育锻炼，但是可能并不适合老人，或者不符合他们的期望。园艺是一项温和的体育活动，它可以起到体育锻炼的效果，应该得到更多的推广，例如为园艺爱好者创立俱乐部或培训班，设计适合老人使用的园艺工具等。

# I3 种植知识

在前文中我们看到，身处自然环境或者在教室中摆放植物对于扩大孩子的知识面、提高其认知能力有着积极的作用。一些研究人员因此猜想，参加园艺活动对于改善成绩是否会有所助益。的确，园艺可以让孩子将自然科学知识应用于实际。播种，植物生长，结果，果实成熟，植物在完成这一循环后死亡。通过园艺活动，儿童对生命循环有了更直观的感受。

克莱默、瓦里查克和扎伊查克（Klemmer，Waliczek and Zajicek，2005）进行了一项实验，参与对象为几所小学中年龄在8—11岁之间的儿童。几所学校中的学生类型相同（研究人员事先已经将这一因素考虑在内）。在一些学校，关于植物和植物的生命循环这些主题的自然科学课采用传统的授课方式；在另一些学校，一部分课为传统授课方式，但孩子们会进行一些实践活动，接受园艺知识的培训，并且亲身参与其中（播种、移植、观察植物生长、除草、浇水等）。在预设好的教学阶段结束后，学生们要做一份知识测试，共有40道选择题，满分为100分。研究人员将测试结果按照性别分组，然后进行比对（参见表 2.1）。

表 2.1　测试平均得分

|  | 园艺教学组 | 传统教学组 |
|---|---|---|
| 男　孩 | 52.26 | 44.79 |
| 女　孩 | 54.06 | 49.75 |
| 平　均 | 53.07 | 47.41 |

从这个结果可以看出，无论是男孩还是女孩，园艺组的孩子得分更高。

所以说，与自然紧密接触可以提高学生在自然科学方面的学习成绩。这一观点在史密斯和莫尔桑伯克（Smith and Morsenbocker，2005）的研究中得到了论证，不过他们采用的研究方法不同。

这两位研究人员跟踪了两组学生的成绩走势，一组参与园艺活动，一组则没有。结果显示，每周参与两小时园艺活动的学生的平均分在两周后提高了 4 分，而对照组只提高了 1 分。这项研究显示，只要参与园艺活动，哪怕时间很短，都会提高儿童的成绩。

 **结　论**

我们一直试图让孩子们明白某些生命进程。通过种植来创造生命、观察生命的诞生可以让孩子对此有更深刻的理解。调查显示，家长们对于将这些活动纳入学校课程也很赞同，并且参加户外活动有种种好处，因此在学校保留一块绿色空间，让孩子能够参与其中，会让他们受益良多。

## 14 更均衡的营养，更健康的环保意识

发达国家儿童的体重超标问题越来越严重，这主要是因为其糟糕的饮食习惯以及越来越少的户外活动。父母很难说服他们吃些水果和蔬菜，因为他们整天面对的都是食品广告的狂轰滥炸，而这些食品非"油"即"甜"！解决办法之一就是让儿童在学校参加一些园艺活动，这似乎可以让他们对蔬菜和水果的态度不再那么抵触，从而增加这些食品的摄入量。

在麦卡利斯和蓝金（McAlese and Rankin，2007）的一项研究中，一些年龄为 11 岁的孩子参加了一组历时 12 周的营养教育课程。其中一组孩子的课程中包含园艺活动，另一组孩子只接受营养教育。还有一组作为对照组，既不参加营养教育课，也不参加

园艺活动。在课程开始之前和结束之后，研究人员给他们准备了足够的水果和蔬菜供其食用。通过一个食物营养物质含量的对照模型，可以计算出每个儿童通过食用蔬菜和水果摄取的维生素 A、维生素 C 和膳食纤维。研究人员对比了课程前后这群孩子的摄入量的变化（见表 2.2）。

表 2.2　课程前后三组的平均摄入量

| | 对比组 | 只接受营养教育 | 营养教育＋园艺活动 |
|---|---|---|---|
| 水果摄入量（按份计算） | −0.1 | +0.2 | +1.1 |
| 蔬菜摄入量（按份计算） | −0.3 | −0.1 | +1.4 |
| 维生素 A（微克） | −72 | −60 | +182 |
| 维生素 C（毫克） | −7 | +12 | +85 |
| 膳食纤维（克） | −3 | −0.7 | +2.8 |

营养教育＋园艺活动组的孩子在 12 周的课程结束后其营养摄入有了明显增长。所以单纯进行营养教育收效甚微，真正起作用的是园艺活动。

这项研究显示，儿童参与园艺活动可以增加其水果和蔬菜的摄入量，从而也增加了其维生素 A、维生素 C 和膳食纤维的摄入。

其他几项研究也同样证实，单纯依靠知识教育来纠正儿童的偏食行为，效果并不理想。

莫里斯和斯丹伯格—查尔（Morris and Zidenberg-Cherr，2002）的研究显示，一组孩子在经过 17 周与园艺相关的课程培训后，其胡萝卜、花椰菜和西葫芦的摄入量均有所增加。而且这种效果一直持续到课程结束的 6 个月后。

参加一些集体的园艺活动（如自然俱乐部、园艺协会等），也会增加蔬菜和水果的摄入（Laustenschlager and Smith，2007）。此外，研究人员发现，在参加这些园艺活动的过程中，人们对于蔬菜和水果的评价更加正面（Lineberger and Zajicek，2000）。其他研究显示，园艺活动和园艺的氛围给儿童带来的积极影响可以持续很久。

洛尔和皮尔森—米姆斯（Lohr and Pearsons-Mims，2005）以"如何看待树木和绿色空间"为题，针对城市中的成年人做过一项调查。从问卷中的一些问题可以看出这些人在童年阶段是否参加过园艺活动，或者在他们家或家附近是否拥有一块绿色空间。结果显示，是否参加过园艺活动和对植物的态度之间有很强的关联性：童年时期与植物接触越多，就越认可植物在环境中的重要性；童年时期与植物接触的越少，就越不重视这个问题。在研究人员看来，这个结果说明儿童多接触大自然、多参加园艺活动有多重要。

通过这种方法，孩子们能够更深刻地体会到保护自然的意义，增强他们的环保意识，而他们，是未来的主人。

## ❀ 结 论

我们刚刚看到了将园艺纳入学校教育的种种好处。它给儿童健康带来的益处显而易见。的确，在园艺活动中，与植物和水果的更多接触很有可能改变儿童对这些食物的认知，增加他们的兴趣，从而改变他们对蔬菜水果乃至植物的态度。而且这种影响会一直持续到他们成年。所以，将这类活动纳入学校课程，对于培养环境意识和正确的饮食习惯有着重要且持续的作用。

# 15 园艺疗法

伴随着人口老龄化，越来越多的老年人患上了神经退行性疾病（帕金森症、阿尔茨海默症等）。除了医学治疗之外，人们尝试使用一些其他方式来减轻这些疾病给病人的身心带来的痛苦。在看了下面的这项研究后，你会发现，园艺活动在这方面也能一显身手。

　　加洛特、克瓦克和雷尔夫（Jarrott，Kwack and Relf，2002）的研究对象是一群 79 岁患有老年痴呆的老人。研究人员让这些老人参与不同的活动，如短期的园艺培训、绘画、陶艺等。然后对比这些活动带给老人的不同影响。园艺活动主要是种植和采摘花草、水果和蔬菜。每期培训持续 30—45 分钟，在户外进行，10 周内有 3 次这样的活动。活动期间，研究人员会观察这些老人的一举一动，通过编码的方式记录某一行为是否被观察到，然后辨别此行为是否可被归类为如唱歌、进食和阅读等所谓的有效行为。研究人员观察老人在园艺活动中的参与度的同时，也会比较他们在此活动中产生的有效行为的数量，并与其他活动相比较。比如，在研究人员教他们种花的时候，他们是否种了，种了几次；手工培训课上，当研究人员教老人们剪裁时，老人们会不会照做，做几次。研究人员还会评估无效的社会行为，如与其他人聊天，以及其他无效行为或非社会行为，如睡觉、无精打采、远离他人等。研究对象所表现出的情感也会以分值的形式从 +5（高兴、对活动有兴趣）到 –5（哭泣、失望、发怒等）进行编码。

　　研究结果显示，与其他活动相比，这些老人在园艺活动过程中所发生的有效行为更多，这证明了这些活动的刺激程度以及对这些患者的好处。研究人员还发现，相比较实验之初（第一次园艺培训），老人们的有效行为在实验尾声（最后一次培训）有所增加。而无效行为却减少了。但是在情感方面，研究人员没有观察到园艺活动与其他活动的差异。

　　种植活动对人的行为活动似乎起到了刺激作用，减少了他们的无效行为。研究人员认为这种行为再生的原因有以下几方面：对以前活动的模糊记忆、种植活动对身体和感官的刺激作用。

　　很多科学研究都证明了园艺类或种植类培训对多种行为都有好处。穆尼和尼塞尔（Mooney and Nicell，1992）发现，在一些治疗阿尔茨海默症的医疗机构中，花园和与花园相关的活动可以帮助病人降低发病时暴力事件的发生频率。此外，研究人员发现，针对这种类型的病症，与花园相关的活动不仅有刺激和兴奋的作用，还可起到预防的效果。法布瑞古尔等（Fabrigoule et al.，1995）在法国进行的一项研究发现，园艺可以阻止老年痴呆症状的进一步发展。

结 论

我们又发现了园艺活动受益者——老年人，他们年事已高，身体、社交和认知等各方面的机能不断退化，而园艺活动让他们在这些方面的机能都有所改善。在各种能够推荐给患神经退行性疾病的老人的活动中，园艺、侍弄花草、多在花园中停留等活动对身体和感官具有强烈的刺激作用，它们是温和的体育活动与精细动作训练的有机结合。此外，这些场景往往与美好的回忆相关。所以我们有足够的理由认为，在照顾老年人的机构中或在其附近，应该建有一定面积的花园，机构工作人员应该经常为老年人组织一些园艺活动。

## 16 借花献"罪犯"

前文中我们看到，从囚室中看到自然景色对犯人的健康有着积极的作用。其他研究显示，一些包含种植和培育植物的体力劳动也很有益，对于预防重复犯罪和成瘾治疗尤其有效。

一个预防青少年犯罪的部门曾经做过一次活动（Flagger，1995），为一群15—18岁的年轻人开展植物种植和植物互动的入门课程。授课地点在一所高中，其中大部分青少年都没有参加过此类培训。课程涵盖普通形式的课堂教学和各种实际操作，如播种、移植、土壤护理、植物养护、除草、灭虫、收获等，也包括了解自然环境（植物物种的识别、植物疾病的诊断等），还有一些空间重整活动（对绿色空间和花坛进行重新布局）。课程结束一年后，研究人员就活动中的收获和对其生活的改变等方面对这些青少年做了一次调查。

调查结果显示，参加这个培训对年轻人产生了很多积极的影响。首先，他们改变了对人类与植物关系的认知。很多年轻人承认，在培训之后，他们不会再破坏植物，也不会污染自然环境，而以前他们经常这么干。他们还表示自己开始意识到自然环境给人们带来的好处、身处自然的舒适，而以前他们对此并没什么感觉。他们还认为，这次培训和与自然接触的过程改变了他们对学校、学习的认知，意识到集体对生活的重要性。

所以，参加这类课程可以改变年轻人对环境的认知。不但如此，研究人员还发现，植物种植和园艺课程对被关押的囚犯也有积极的影响。

　　莱斯和斯通（Rice and Stone，1998）为一些服刑人员开设了植物种植和蔬菜种植的培训课程，上午是理论培训，下午是实际操作。在培训开始之前、之中和之后，研究人员会评估囚犯的某些行为参数（冒险行为、是否显示出敌意等）和心理状态（抑郁）。结果显示，这些参数在培训结束之后都有所改善。研究人员认为，这些积极的影响源自种植和培育活动所具有的创造性和参与性等特点。

　　在进行准备、种植、陪伴一株植物健康生长的过程中，犯人有了责任感，自我控制能力加强。我们知道，关押会使犯人失去责任感和自控力，这会让他们产生抑郁情绪和敌意行为。

　　其他研究发现，监狱中的"园艺治疗"课程有助于降低犯人重复犯罪的几率。

　　韦斯特（West，1986）研究发现，囚犯如果在自然环境中工作（修剪树木、园艺等），可降低他们在出狱后重复犯罪的几率（出狱后4个月内6%的犯人重复犯罪），而在室内劳动的犯人的重复犯罪比率是29%。

　　其他研究还证明，"园艺疗法"在成瘾治疗中可起到辅助作用。很多在监狱中服刑的犯人都有毒瘾或酒瘾，有时他们也因此才会入狱。理查德和卡法米（Richards and Kafami，1999）的研究显示，这类课程可以增强犯人在监狱环境中对麻醉品的抵抗能力。

## 🍀 结 论

监狱的存在是为了惩治不法行为和犯罪，同时对罪犯起到震慑作用，防止他们重复犯罪。监狱应该建立这样一种机制，它能够帮助犯人战胜被剥夺自由所带来的负面影响，并且为犯人出狱后的生活做好准备。让犯人从事真实的日常工作对他们来说是一种很好的"消遣"。在园艺和种植活动中，个体和他所从事的工作及工作的结果之间有不同于其他的特殊性，正因如此，对服刑人员来说，种植和园艺活动很有好处。在与植物互动的过程中，囚犯重拾责任感和自控力。我们知道，在监狱开展这类课程并不容易，代价很高，但鉴于以上原因，我们认为它值得一试。

# 第3章

## 植物对社会关系的影响

# 17 花之语

　　美国罗格斯大学的研究员珍妮特·哈维兰—琼斯（Jeannette Haviland-Jones）认为，从古至今，人类与鲜花之间存在着奇特的联系。早在五千年前，人类就出于观赏目的而开始种花。如今，我们都会在花园中或家里种植或摆放鲜花，因为鲜花带给我们愉悦，但在五千年前，当人的大部分精力都要耗费在"活下来"这件事上，为什么还要花时间和精力去种花？这着实让人费解。对社会生物学家来说，这种表面上看来的"无用种植"（花不能被食用）实际上是因为鲜花具有激发情感的力量。大家都知道，葬礼上、公墓中，鲜花无处不在。在尼安德特人①的遗址中，考古学家在他们的墓穴中发现了花粉，这证明鲜花是一直伴随着逝者的。研究人员认为，由于鲜花形态、颜色、气味各异，人们认为这可以诠释他们欢乐、悲伤等不同情感，正因如此，人会通过种植和使用鲜花来表达自己的情感，或陪伴人生中的各种情感时刻。

_____

① 古生物学中第四纪居住在欧洲、北非和中东的人。——译者注

最近的一些研究显示，鲜花对于情感具有即时激发的作用。

哈维兰—琼斯（Haviland-Jones）和她的合作者（2005）邀请了一些女士做一个调查，这些女士被告知会接到两次电话，两次电话间会有几天间隔，作为答谢，会有一份礼物送到她们家里，但研究人员并没有说明是什么礼物。在她们同意的第二天即开始调查的第一阶段，研究人员对她们的情感（"总体来说，我每天所经历的事是否让我感觉愉快"）和对生活的满意度（"我感觉我所做过的事都是我认为最重要的事"）进行初次评估。十天后，她们会在家中收到一份礼物，可能是一束鲜花，也可能是一个装有水果和糖果的果篮。派送人员并不知道他送的箱子里装着什么，但他们有一个任务：评估收件人的面部表情。为此，他们事先都接受了培训，学习如何识别人面部表情肌的变化。四天后，研究人员进行了第二次电话访问，询问的问题与第一次基本一致。

首先，面部表情方面，收件人在收到两种礼物时都表现出喜悦，但是杜乡微笑指数 ① 并不相同，收到鲜花的女士的杜乡微笑指数要高于收到果篮的一组。研究人员还发现，两次问卷调查中，

① 杜乡微笑指的是发自内心的真诚微笑，它与所谓空姐式微笑的区别在于后者没有被称作眼轮匝肌的眼部肌肉变化。——译者注

收到鲜花组的女士在第二次调查中，对生活的满意度有所增强，而果篮组并没有变化。

礼物能激发更积极的情绪，这不足为奇，但你知道送花会让人产生发自内心的喜悦吗？研究人员认为，鲜花对人类情感的影响是如此之大，以至于只要看到它，人的某些情感就会自动被激发。

环境不同，鲜花激发的情感类型也不相同。在一项研究中，我们让一些年轻男性和女性去公路上搭顺风车，有的人手里拿一小束鲜花，另一些人则没有。最后统计男性驾驶员和女性驾驶员的停车次数。

表 3.1　驾驶员停车百分比

|  | 男性驾驶员 | 女性驾驶员 |
| --- | --- | --- |
| **男性拦车人** | | |
| 　有　花 | 13.6% | 10.5% |
| 　无　花 | 6.8% | 1.3% |
| **女性拦车人** | | |
| 　有　花 | 10.7% | 8.2% |
| 　无　花 | 12.3% | 7.2% |

从表 3.1 可以看出，不仅花束会影响停车率，拿花人的性别也很重要。一个手持鲜花的男人所具有的浪漫色彩（男人送花是为了爱情，而女人多半是为了友情或者出于社会习俗）可能是导致这种

结果的原因。也有可能是拿花的男人会减少他人的怀疑或恐惧。这就解释了女性驾驶员停车率的差异。手中拿有鲜花的男人会让女人更安心。

 **结 论**

显然，鲜花对男性和女性的行为有很大的影响，而且激发这种影响的速度很快，因为驾驶员对拦车的反应时间也许连一秒都不到。这反映了人类与鲜花之间古老的联系。鲜花也许早已成为人对于美的认知的一部分。因为鲜花对人的感受和积极情感的触发能力而如此重视这种"非生存必需品"，这也是人类与其他物种的重要区别之一。人与花只需简单接触就会给人带来良好的感受，激发积极的情感，从而影响人的行为。

# 18 鲜花与爱情

鲜花总与浪漫和爱情相关，研究显示，女人是如此爱花，以至于她们彼此间都会送花。研究人员想知道，鲜花的存在是否可以改变女人的认知，激发她们对浪漫邂逅的渴望。

　　盖冈（Guéguen，2011）做了一个实验：一些年轻女性被邀请来到一个房间，房间的家具上摆着 3 个花瓶。对照组的花瓶是空的，实验组的花瓶中分别装有玫瑰、雏菊和石竹。她们要观看一段采访饮食习惯的视频，采访对象是一名年轻男士，视频时长 5 分钟。观看结束后，研究人员请这些女孩评价：这名男士的外貌是否具有吸引力？他性感吗？愿不愿意和他约会？

表 3.2　评价的平均值

|  | 有花组 | 无花组 |
| --- | --- | --- |
| 外貌吸引力 | 4.83 | 4.39 |
| 性　　感 | 4.57 | 4.13 |
| 接受约会 | 5.39 | 4.56 |

　　我们可以从表 3.2 中看到，在有花组的女性看来，这名年轻男性更英俊、更性感，如果男士主动提出约会，她们也更有可能接受邀请。

　　鲜花也许是一个浪漫触发器，它可以改变女人看待男人的方式。我们也可以这么想，鲜花让女人心情愉快，让她们看到了"玫瑰人生"，使她们以更乐观的态度看待男性。

　　为了了解鲜花是否真的可以促进浪漫关系，研究人员又做了第二个实验，这一次研究人员评估的是女性对约会请求的反应。

研究人员邀请一些年轻的单身女性到实验室，实验内容与前次相同。实验室中仍然摆有花瓶，实验中，有些人的花瓶是空的，有些人的花瓶中插有鲜花。但与上次实验不同的是，研究人员在实验中安插了一个"同伙"———名外表俊朗的年轻男士。

两个人受邀一起观看视频，视频内容与前次实验相同，他们被告知观看结束之后将会做一份调查问卷。两人被单独留在房间内观看视频，结束后，研究人员没有让他们做问卷，而是告诉他们问卷打印出了些问题，让他们再等一会儿。"同伙"就利用这段时间与女孩搭话，他自我介绍说："你好，我叫安东尼，我觉得你很漂亮，给我留个电话吧，下周咱们找个地方出来坐坐?"每个女孩的反应都会被记录下来。

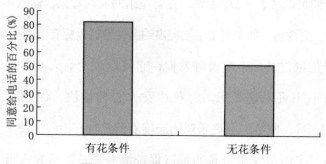

图 3.1　女孩给电话号码的比率

从图 3.1 中可以看出，有花条件中的女孩更愿意留下自己的电话。身边摆有让人联想到爱情的鲜花，宜人的环境促使女孩更向往一段浪漫的邂逅。

这一研究结果最近以另外一种方法再一次被验证。这一次，研究人员的"同伙"会在马路上跟年轻女孩搭讪，搭讪地点分别选择在这些女孩刚刚经过花店、女士鞋店或者面包甜点店的时候，刚经过花店的女孩儿有 24% 给了男生电话，面包店有 15.5%，而鞋店只有 11.5%。

看来，鲜花比甜点更浪漫，下次选礼物时就不用再犹豫喽！

## 结 论

我们又一次看到，鲜花在人类世界可以引发奇妙的反应。因为鲜花与爱情之间的联系，在花瓶中插满鲜花的地方，女孩们关于爱情和浪漫的心绪被激活，她们看待男孩的眼光也随之发生了变化。人们都说，春天是恋爱的季节，这也许就和鲜花有关。无论如何，无论为了爱情，还是作为爱好，男人们，学着种种花儿吧！

## 19 亲爱的邻居，您的草坪真美！

　　自然对社会关系有促进作用吗？研究人员认为，自然会带给我们舒适和平静的状态，前面我们已经大量讨论过这种状态的好处，实际上，这种状态还可以让我们更具有同理心，更愿意与人交往。一些研究显示，自然的确可以让人与人之间的关系更紧密，让人们更关注周边的人和事。

　　麦斯等（Mass et al., 2009）做过一项研究，他们对一万多名荷兰居民进行了调查，询问他们如何看待自己的健康状态以及他们与邻里、密友之间的关系。对于与邻里和密友之间的关系，考量依据是他们每周与这些人接触的次数。同时还要评估他们在多大程度上愿意进行这类交往。通过居住地周边"植被"密度分析模型，研究人员会评估每位居民周边生活环境中天然植被（森林）或人工种植植被（花园）的绿化覆盖率。研究人员会同时考虑社会经济（收入）和人口统计（年龄）等因素。

　　结果显示，环境绿化覆盖率与社会关系水平成正比。一个人生活环境的绿化率越高，他对社会关系的接受度就越高。同时，他就越不会受到孤独的困扰。他对自己身体状况的评价也越乐观，身体和心理的各种状况越少。研究人员发现：一个人的居住环境中自然元素越丰富，他们的患病率越低。

似乎我们的环境越多绿色，我们的邻里关系就越紧密，健康状况越好，越不会感到孤独。这个结论后来又被不断验证。权文重、沙利文和威利（Kweon, Sullivan and Wiley, 1998）研究发现，老人住所周边的绿色环境增加了社会公共空间的使用频率，会让他们感觉受到社会的重视，从而增强他们的集体意识。研究显示，绿色环境的某些组成元素有着独立的影响。科利、郭和沙利文（Coley, Kuo and Sullivan, 1997）研究显示，公共空间绿化覆盖率是年轻人和老年人举行集体活动频率的预测器。树木的多少与人群的聚集紧密程度相关。

自然对人类社会关系的影响是如此之大，以至于单单只是看到自然景色，就可以激发人的社交愿望。

温斯坦、普日尔贝斯基和赖安（Weinstein, Przybylski and Ryan, 2009）将一群大学生分为两组，一组的房间内挂有自然景观照片（湖边，树木林立），另一组的照片则是城市环境（城市环线公路）。大学生们需假设自己正身处这样的环境中，然后对比他们在看到照片之前和之后对未来的展望有何不同。结果显示,"自然景观组"的愿望更集中在他人身上,如社会关系的成功、集体生活方面等,而城市景观却将身处其中的人的愿望导向自身(金钱方面或者得到他人的欣赏)。补充研究显示,身处自然景观中,人们对他人的态度更包容。如果房间中有绿色植物,也会起到类似的效果。

是否乐于助人也受到环境绿化率和树木覆盖率的影响。在一项实验中(Guéguen and Meineri,待发表),一位研究人员的"托儿"在经过某个行人时,佯装在不知情的情况下掉落了一只手套。实验地点有两处:行人准备穿过一座漂亮的城市公园之前和行人刚走出这座公园之后。结果显示,在公园入口处,有72%的人会进行提醒,而在公园出口则有91%的行人提醒。

## ❀ 结 论

无论在室内或室外,与植物的接触都对社会关系有促进作用。研究人员总结了两方面原因:一是在这种环境中,我们会更关注周边环境,所以对环境中的人也会更加敏感;二是这种环境会让人感觉舒适,带来更积极的情感。研究显示,利他主义和社会关系在很大程度上取决于这些变量。

## 20 防盗橡树

刚刚我们看到，环境中的鲜花、绿色植物或者绿色空间会影响我们的社会行为。但是，似乎植物的某些元素对人类一些负面行为也有影响。当人们被问到房屋周围的植物在入室盗窃中所扮演的角色时，很多人首先想到的是植物有助于入室盗窃。因为植物提供了藏身之处，窃贼会认为这有助于他们实施盗窃行为。而研究人员发现，事情并没有这么简单。我们知道，城市中的树木有很多益处，例如调节温度，减少极端高温或低温天气的发生，减少大风带来的恶劣影响（虽然有时它们会被大风连根拔起造成损失）。而对于房屋的主人来说，树木可以让房屋的价值增加。但他们也许并不知道，树木还可以影响在房屋中发生的犯罪行为的性质。

多诺万和普雷斯特蒙（Donovan and Prestemon，2012）将几百例入室犯罪按照严重程度（暴力抢劫、破坏性入室盗窃、盗窃、破坏行为等）进行分类，这些案件都发生在有花园的独栋住宅中。研究人员还得到了罪案发生时房屋的相关数据（房龄、房屋面积、占地面积、当时的市值等）。研究只针对独门独户的情况，没有合住家庭。然后，研究人员通过卫星照片和实地观测，再通过分析模型计算出树木的数量、直径和高度。但是影响罪案发生的因素有很多，所以研究人员还去当地行政机构搜集了研究所需要的其他必要信息，如家庭类型、附近是否有邻居和路灯、是否会因植物的遮掩而看不到房屋、是否有栅栏和围墙、是否有狗、是否有报警系统等。

研究人员发现，排除其他变量之后，有关树木的两个参数会影响犯罪行为的发生：树木的直径与罪案的发生率成反比，树越大，年龄越高（直径与树龄和树木的高矮有关），罪案的发生率越低；但是，树木的多少与罪案的发生率成正比，树木越多，尤其是小树越多，入室犯罪率越高。

表面上看来，树木对犯罪行为的影响有相悖之处：大量的小树可以为罪犯提供藏身之处，从而为罪案的发生提供便利条件；但同时，树干直径较大的树木表面上看来也遮掩了寓所，犯罪分子似乎也更容易实施犯罪。研究人员认为，导致这种矛盾状况的原因有二：数量众多的小树让犯罪分子觉得遮蔽性更好，因为树冠很低；拥有巨大树冠的大树虽然树干很粗，也可起到遮挡视线的作用，但它本身所带来的品质感会让罪犯望而却步。因为这些大树所具备的庄严特质会让罪犯认为这座房屋更加高档，既然房主愿意花更多心思在园艺上，说明房屋的价值很高。犯罪分子觉得房主一定会安装报警系统和防盗装置，要想盗窃这种类型的房子，用时更长，风险也更大。这种现象印证了破窗理论，即如果人们看到花园阳光房上的玻璃或者车库玻璃有碎裂痕迹，这些地方的罪案发生率会更高。虽然玻璃碎裂不会让罪犯进入房屋更加容易，但会让犯罪分子认为房屋主人比较疏忽大意，或者经常不在家，所以对于住所的安全一定会疏于防范。

其他一些研究也证明，不单单是树木，房屋的整体环境对罪案的发生都有影响。郭和沙利文（Kuo and Sullivan，2001）的研究显示，如果住宅小区的环境较好，则小区内犯罪的发生率较低。研究人员推断，小区中的树木、灌木、花草和其他元素显示出小区业主对其周边生活环境的重视，所以业主对其住宅的安全防范定然不会放松。

**结 论**

所以，"植被 = 掩护 = 更多的犯罪"这一公式似乎并不成立。犯罪分子在行动之前会考虑很多因素，而犯罪地点的环境至关重要。在其看来，如果房屋的主人对其住宅环境十分在意的话，他们同样会重视其住宅的安全性。"看看我的花园，你就知道我的家，我生活的地方对我有多么重要，如果你敢擅自闯入，我劝你还是算了吧！"所以，面对美丽的花园、整齐的草坪、茂盛的树木，奉劝各位"盗士"，小心为妙，走为上策！

# 第4章

## 植物对学习和工作表现的影响

# 21 重视植物!

如前文所述，教室中摆放植物可以减少学生身体各种轻微不适的发生，让教室环境更加舒适，降低缺勤率。其他研究显示，我们还可以利用植物来改善某些认知能力。

雷安娜（Raanas）和她的同事们（2011）做了一项研究，看植物是否可以影响人的认知能力。根据条件的不同，他们进行实验的房间可能摆放四盆开花的室内植物，也可能没有。每位参与者面前有一台电脑，电脑屏幕上会连续显示不同的句子，每句话持续时间为两秒钟，而参与者要努力记住每句话的最后一个词并按句子出现顺序将其写在纸上，每人有三次机会。但是每次句子出现的顺序都是不同的。最后，研究人员会统计正确率。

表 4.1 词汇记忆正确率

|  | 有植物 | 无植物 |
|---|---|---|
| 第一次尝试 | 65% | 65% |
| 第二次尝试 | 69% | 65% |
| 第三次尝试 | 72% | 64% |

由表 4.1 中可以看出，当环境中没有植物时，实验参与者三次表现没有任何变化，而有植物时，每次的表现相较前次都有所进步。但是植物的影响是逐步显现的，因为我们看到，两组首次尝试的结果没有任何不同。

在有植物的情况下，即使面对比较艰难的任务，人的学习能力还是得到了提高。研究人员认为，这要归功于植物具有促进注意力恢复的作用。植物的存在使得环境元素更加多元，让人的精神更加振奋，从而降低认知的疲劳度，改善人的学习表现。

除了记忆力，环境中植物的存在还可以增强一个人的语言创造力。

柴田和铃木（Shibata and Suzuki，2004）做了一项实验，他们将一群大学生安置在一个房间内，房间一角有一盆绿色植物、一件摆放植物的家具和一些杂志，或者什么都没有。大学生们坐在一张桌子旁边，桌子对面摆放着这盆植物。研究人员会给他们看一张形容词表，让每个人找出其中有关联的词（如与自然相关的形容词：植物的、真实的、生物的、可消费的、好的、可持续的、可再生的……）。在心理学家看来，这项任务可以看出一个人在语言方面的创造性。结果显示，植物的存在对于联想力有促进作用，但是摆放家具组和不摆放家具组则没有任何差别。研究人员认为，植物对人有某种激励作用，让人感觉更加自信。测试结束后，研究人员对被试进行了问卷调查，被试承认，植物的存在让他们感觉受到鼓舞，更有自信。

由此可见，环境中如果有植物出现，个体的语言创造能力会增强。其他研究也证实，植物可以提升人的学习和工作表现。皮尔森—米姆斯和古德温（Pearson-Mims and Goodwin，1996）的研究显示，如果桌子上摆几盆室内植物，被试辨认几何图形的速度会更快。植物对人的激发作用使人处理信息的速度加快，从而改善学习表现。

## ❀ 结 论

只需一盆植物，就可以影响某些与记忆力和创造性相关的认知过程。在上述各项研究中，大多数情况下只有一盆植物。可以想象，如果室内植物的数量更多、种类更丰富，或者有更多的花卉类植物，其效果必然会增强。所以，在实际的工作学习环境中，植物对认知的影响可以提高学习和工作效率。在教室、实验室、研发工作室等环境中摆放室内植物，看来的确很有必要。

## 22 "自然的"注意力

前面我们看到，儿童周边生活环境的绿化对儿童的身体活动和体重有积极影响。研究发现，这样的环境还可以影响儿童的某些认知功能，尤其是当认知活动出现问题的时候。同时拥有健康的身体和精神，这个目标在一个较接近自然的环境中似乎更容易达到。

威尔斯（Wells，2000）跟踪研究了一群7—12岁的儿童，他们从一个自然元素匮乏的地方搬到了一个自然元素更加丰富的地方（例如从一幢只能看到另一幢楼的楼房搬到可以看到树木的楼房）。为了测量环境的绿化覆盖率，这位研究人员还设计了专门的研究方法。他们在实地评估了每家每扇窗窗外的景观后，分别给出最高3分（超过一半的自然景观）、最低0分（没有任何自然景观）的分数。这样可以得出每个住所的综合得分。然后，每位儿童都接受了注意力测试。这种测试一般被用来诊断有注意力困扰的儿童，如多动症儿童或有注意力神经缺陷的儿童。从这个测试可以看出，儿童能在多大程度上专注于一件事，并且可以利用周边环境中的元素来解决问题。研究人员在儿童搬家之前和搬家以后都进行了这项测试，以此验证新的环境，即环境的绿化程度，是否会对儿童产生影响。结果显示，新环境的绿化程度对儿童注意力的影响显著。绿化程度越高，儿童注意力缺陷的得分越低；绿化程度越低，儿童注意力缺陷的分数越高。

　　绿色的自然环境能够矫正儿童的注意力问题，弥补其注意力缺陷。其他研究也证实了这一结论，与大自然的短暂接触就能起到积极的作用。格拉恩等（Grahn et al., 1997）研究显示，儿童在自然环境中待一天（到森林中去）就可以增强其运动协调能力，让他们更容易集中注意力，变得更加专心。泰勒和郭（Taylor and Kuo, 2009）的研究使用了同样的方法，研究对象是7—12岁有注意力和精神不集中等问题的儿童，研究人员发现，同样是散步20分钟，在公园散步和在城市环境中的效果完全不同，公园中的20分钟对儿童的注意力表现有所改善，可以媲美针对这种症状所进行的医学治疗后的效果。

## ❀ 结 论

　　与自然环境的接触，哪怕时间很短，都可以提高儿童集中注意力和精神的能力，即使是对患有注意力缺陷的儿童也依然有效。研究人员认为，导致这种现象的原因有二：一方面，自然是安静的，孩子有时间去了解它的多样性，不会惧怕它，而在城市中却不会如此，因为城市一直处于运动状态；另一方面，城市空间总是充满了各种感官体验（噪音、难闻的气味等），这会增加儿童的疲劳感，使其不能很好地集中注意力。虽然在城市中参观表面上看起来具有超强的刺激作用，但面对这种类型的孩子，家长、教育者和治疗者应该选择自然且安静的环境。赶快回归"绿色课堂"吧！

## 23 考试"植物学"

我们刚刚看到，教室窗外宜人的自然景色或者绿色的环境可以影响儿童的某些认知能力，这能不能提高学生的在校表现呢？最近的研究显示，教室中摆放绿色植物的确有益，它可以提高学生的学习成绩。

达利、波切特和托比（Daly，Burchett and Torpy，2010）对11—13岁的儿童进行了研究。他们在一个教室的一侧摆放了3株大型绿色植物，高度在2.5—3米之间（龙血树、绿萝、白掌）。学生们会参加两次基础科目的考试，如数学、母语拼读、自然科学与技术等。考试时间一次安排在摆放植物之前，另一次安排在摆放植物的 6 周后。同样，在没有摆放植物的班级中（对照条件），研究人员也进行了两次考试。两次考试的内容相同，表面上看起来似乎是为了让每位同学考出更好的成绩。随后，研究人员将 6 周前后的两次成绩进行对比。结果显示，有植物的班级数学成绩提高了 14%，单词拼写提高了 12%，自然科学与技术提高了 11%。任课教师认为，在这个阶段，成绩能提高 10% 就已经很不错了。没有植物的班级进步幅度就没有这么大了，在 6%—8% 之间。此外，研究人员发现，两组学生在这些科目之间存在显著差异。

所以，教室中的植物对提高学生学习成绩的确有所助益。但并不是所有研究都得出了相同的结论，一些研究显示，植物对学习成绩的影响与学生的年龄和植物摆放的位置有关。在多克西、瓦里查克和扎伊查克（Doxey，Waliczek and Zajicek，2009）的研究中，植物被摆放在了大学的教室和阶梯教室中，然后他们将处于这些教室中的大学生的成绩与没有摆放植物的教室中的学生成绩进行了对比。结果显示，有植物一组的大学生成绩虽然高一些，但两组之间的成绩并没有显著差异。不过研究人员发现，当有植物存在时，课堂气氛更加活跃，老师的热情也更高。如果教室中摆放了花朵，对课堂气氛也很有好处。韩（Han，2009）的研究显示，在高中的教室中摆放开花植物两周后，课堂气氛变得更加融洽，老师对学生惩罚的次数变少了，学生也更愿意来上课。

 结 论

我们发现，教室中植物的存在不仅可以提高学生的学习成绩，对于他们的行为和看待学校的态度也有着积极的影响。室内植物再一次证明了它的巨大功效，而对于教育机构来说，它们既非奢侈品，也不难管理，不妨一试！

## 24 工作环境中的绿色

为什么法国人的工作效率很高？难道是因为工作环境中的绿色植物带来的舒适感吗？研究显示，企业管理应重视企业内部环境的绿化程度。

布英斯里马克、帕蒂尔和哈蒂格（Bringslimark，Patil and Hartig，2008）在挪威对385名办公室白领进行了一项研究：测量他们在工作中感受到的受约束程度（员工对公司给予自己的自主权的看法）；如何看待同事和上级对自己的配合与支持；对自己工作效率的看法；缺勤率以及所感受到的压力；过去 4 周工作环境（噪声、温度、空气质量等）给被试生理带来的压力；最后统计他们工作环境中的绿色植物（数量、位置等）。

研究人员没有发现植物和压力之间的联系。但是植物对提高工作效率有着积极的影响：工作环境中的植物数量越多，工作效率越高。植物数量与病假次数成反比：工作环境中的植物越多，病假率越低；植物越少，病假率越高。

通过上述研究可以看出，工作环境中的绿色植物可以提高工作效率，减少病假。而且这种影响对男人和女人都一样。在这项研究中，研究人员关注的是办公室中有没有植物存在，将植物的存在与其他因素简单地关联起来，很难真正看到植物的作用。办公室中的植物，可能是员工自己带来的，也可能是领导层的意愿，这之间的区别是不是本身就能解释研究人员所观察到的"作用"呢？所以有研究人员采用了真正的实验方法来检验植物在工作环境中的作用。

弗吉尔德（Fjeld，2000）在挪威某医院放射科进行了一项研究，研究人员在放射诊断室摆放了大量绿色植物，有些在窗台上，有些在办公桌上，有些直接放在地上，与家具差不多高。实验分两

个阶段，每个阶段 3 个月，都是在春天，也就是说，第一阶段在第
一年春天，第二阶段在次年春天。第一年的 3 个月，放射诊断室中
没有摆放任何植物。实验期间，诊断室的所有工作人员，无论男
女，都要填写一份健康评估问卷，问卷由三部分组成：神经心理方
面的问题（疲劳、恶心、头痛等）、五官科方面的问题（咳嗽、喉
咙干哑或发炎等）和皮肤科问题（发炎、皮肤干燥等）。研究人员
对比两次问卷结果，找出植物与之的关联（结果见表 4.2）。

表 4.2　当植物存在时，身体不适降低的比率

|  | 当植物存在时，身体不适降低的比率 |
|---|---|
| **神经心理症状** |  |
| 疲　劳 | 32% |
| 头　沉 | 33% |
| 头　痛 | 45% |
| 恶心和眩晕 | 25% |
| 精神集中 | −3% |
| **五官症状** |  |
| 眼睛发炎 | 15% |
| 窒息感 | 11% |
| 嘴部干涩、发炎 | 31% |
| 咳　嗽 | 38% |
| **皮肤症状** |  |
| 脸颊发红、发热 | 11% |
| 头皮发痒 | 19% |
| 手干或发炎 | 21% |

　　由此可以看出，植物对于某些症状，如咳嗽的减少具有明显的作用，而对精力集中的问题却没有影响，这可能是因为植物具有捕捉空气中某些致病源的作用，而且植物还能调节空气湿度。以上两点对于五官和皮肤的健康状况都有很大的影响。此外，这也解释了为什么在布英斯里马克、帕蒂尔和哈尔格（Bringslimark，Patil and Hartig，2008）的研究中，当办公环境中有植物存在时，员工请病假的次数变少了。

　　可见，植物的存在可以降低员工患各种身体不适的几率。弗吉尔德在其后来的另一项研究中，再一次证明了这一结论，这一次针对的仅仅是医院办公室的工作人员，而不是医护人员。还有一些研究也得出同样的结论，但研究的焦点不是室内，而是室外。卡普兰和卡普兰（Kaplan and Kaplan，1989）研究发现，窗外的自然景观可以改变更多东西，相较只能从办公室的窗外看到城市建筑的员工，能够看到树木和鲜花的员工认为他们的工作压力更小一些，也更令人满意。研究人员还发现，他们身体微恙和头痛的频率更低。申（Shin，2007）也给出同样的结论，不论员工的年龄、性别和工作类型，从办公室的窗外看见树木，可以增加员工对工作的满意度，缓解压力，莱瑟等（Leather et al.，1998）也研究了"窗的作用",他们发现,办公室窗外的植物和树木等景观能够降低员工离职的意愿。

 结 论

如果您非常关心员工的工作效率和身心健康,与其给他们施加压力,不如用绿色植物创造一个舒适宜人的工作环境。这样,员工很有可能会对您做出更积极的评价。弗吉尔德(Fjeld,2000)还对员工进行了一项补充调查,他发现,当办公室中有植物时,员工会更欣赏他们的老板。

## 25 尼古拉,别总看着窗外发呆,赶快学习去

有些孩子似乎总被教室窗外发生的事所吸引,而不是他们面前的课本。但是,如果他们从窗外看到的是自然景象,会不会让他们的注意力重新集中,并且提高他们的学习成绩呢?一些研究显示,窗外的自然景象对学习成绩的提升有着积极的作用。

卡罗琳·泰纳森和贝尔纳蒂恩·森普里奇(Tennessen and

Cimprich，1995）的研究对象是一群居住在同一座大学城的大学生，他们宿舍窗外的景观各有不同，有些看到的是自然景色（湖泊、森林、公园等），有些则是城市景色（建筑、道路、商铺等），研究人员将他们分成四组：完全自然景观组（例如一片森林）、半自然景观组（公园）、半城市景观组（树木加建筑）、完全城市景观组（只有城市建筑）。然后让他们参加几组实验，所有实验都要求注意力非常集中，例如，先观察一个三维的几何物体，然后再在二维的平面上找出哪个图形是刚才物体的一个面。

结果显示，窗外景观中的人造元素越多，大学生在实验中的表现越差；自然元素越多，大学生在实验中的表现越好。然而，半自然景观组（公园）的成绩要好于半城市景观组（建筑物旁边有一些树木、一座私人住宅的花园等）。一小块绿色空间就可以提高学生的成绩。

## 🌸 结 论

所以，往窗外"看"对注意力没有影响，重要的是在窗外看到什么。研究人员认为，当一个人被要求完成一项要求较高且容易让人疲劳的任务时，疲劳会让他将注意力从任务本身转移，以便让头脑得到片刻休息。自然带来的平静感和品质感会让人快速达到休息的目的，重新调动注意力在任务上，从而起到提高成绩的作用。当我们建造学校和大学的时候，为了那些工地器械的需要，常常将一些斜坡夷为平地，将树木连根拔掉。为了学生们的利益，别管那些机器了，最好还是留着那些自然景观吧！

# 第5章

## 环境中的气味

# 26 "闻"香

　　为了平静心绪或者为了让自己感觉更舒适，你会买一瓶桉树、薰衣草、柠檬或香橙精油吗？自然景色和自然界的声音能影响我们生活的舒适与健康，自然界的气味似乎也有着同样的魔力。而且有些气味的影响力在人类生命之初就有显现，而非后天学习而来。

　　川上等（Kawakami et al.，1997）的研究对象是只有 5 天大的健康婴儿，既有男宝宝也有女宝宝，都由母乳喂养。研究人员采用分子合成技术，通过一个仪器在靠近婴儿鼻子的位置散播气味，一组婴儿闻到的是薰衣草的气味，一组闻到的是母乳的气味，第三组是对照组，没有任何气味。这些婴儿每天会接受 5 分钟按摩。在按摩开始之前，研究人员通过提取唾液样本测量婴儿的皮质醇水平（衡量压力大小的指标）。在按摩结束后，婴儿被带到另一个房间，20 分钟后再次测量他们的皮质醇。在按摩过程中，研究人员还会进行拍摄，通过婴儿的面部行为和声音行为判断婴儿的压力水平（结果见表 5.1）。

表 5.1　不同气味环境下的皮质醇水平

| | 没有气味 | 薰衣草 | 母乳 |
|---|---|---|---|
| 按摩之前 | 0.82 | 0.40 | 0.51 |
| 按摩之后 | 1.38 | 0.67 | 0.56 |
| 行为（＞压力表现） | 100 | 90 | 88 |

可以看出，环境中的气味对儿童皮质醇的产生和压力行为有着积极的作用。虽然母乳最有效果，但薰衣草的作用也很明显。我们知道，薰衣草具有宁神静气的效果，所以舒缓了小婴儿的压力。它对这么小的婴儿就起到效果，说明这是与生俱来的，而不是后天学习而来的。至于母乳，婴儿在实验开始前已经吃过很多次母乳了，他们会自然地将母乳的气味与快乐和舒适联系起来，但薰衣草的气味对他们来说却是陌生的。

研究显示，环境中的气味除了可以缓解婴儿的压力，对于成人同样有效，它对于缓解压力和焦虑情绪很有帮助。这次的实验是在牙医的候诊室里进行的。

在不同牙医诊所的候诊室中，几百名患者参与了这项实验。莱勒等（Lehrner et al.，2005）根据情况分别散播了薰衣草、橙的气味，或者并不散播任何气味作为对照。研究人员声称自己在做一项与心情和痛苦相关的研究，希望候诊室中的病人能够帮助填写一份调查问卷，以便评估他们痛苦和焦虑的程度，以及请患者自陈心情并评估自己内心平静的程度。

结果显示，这些气味的确可以帮助病人抗击痛苦和焦虑。同时，病人认为自己的心情更好，内心更平静。两种气味获得的效果基本相同，的确，它们的功效也基本类似。

在空气中散播自然的气味可以帮助等待牙齿治疗的病人抗击病痛和焦虑，其他一些研究也印证了这一结论。薰衣草精油可以缓解准备接受外科手术的病人的焦虑情绪（Braden, Reichow and Halm，2009）。人们还发现，薰衣草精油，或者一种从罗汉柏提取的树木精油，可以降低血液透析病人的紧张情绪（Itai et al.，2000）。香草精油对要进行核磁共振检查的病人也有这种效果（Redd et al.，2009）。自然的气味还可以改变人的某些生理参数。卡邦尼、克劳利和迈耶（Campenni, Crawley and Meier，2004）发现，因其镇静效果，薰衣草的气味可以降低心率和皮肤电导率。当压力增加、环境舒适度降低时，这两个生理参数就会升高。在一项实验中，实验对象被要求将手放到冰水中尽可能长的时间，研究人员发现，薄荷的气味能够增加人的耐力，降低对痛苦的感知程度（Raudenbush et al.，2004）。

 结 论

　　自然的气味有助于缓解压力、放松心情，让人更加舒适。但它并不是万能钥匙。一些研究表明，薰衣草、佛手柑，或者松树精油的气味并不能缓解等待接受癌症治疗的病人的焦虑（Graham，Cox and Graham，2003），同样，它们对等待进行食道内窥镜检查的病人也没有效果（Muzzarelli，Force and Sebold，2006）。也就是说，只有对中等程度以下的焦虑情绪，芳香疗法才有其用武之地。

# 27　香气"益"人

　　研究显示，天然产品的气味不但可以放松身心，使人的健康受益，还对人的某些肢体表现和认知行为有促进作用。

　　在迭戈等（Diego et al.，1998）的一项研究中，被试坐在扶手椅上，旁边摆放有一个塑料器皿，里面是浸泡有薰衣草精油或者玫瑰精油的棉花。容器距离被试的鼻子10厘米，被试被提前告知，只需正常呼吸即可。被试的头上戴有脑电图传感器，可以测量人的某些脑电活动。研究分"无气味"和"芳香"两个阶段，被试在两个阶段都要完成一项数学测试（计算）和填写一张衡量抑郁和焦虑程度的表格。研究显示，在薰衣草或玫瑰气味的环境中，被试的计算成绩提高，计算时间缩短。他们相较之前的"无气味"阶段，更加放松。同时，他们关于抑郁和焦虑的表格得分降低了。而且，他们的脑电活动也有所改变。α 波、β1 波和 β2 波（代表舒适和活力）在"芳香"阶段均有所增强。而且研究人员测量发现，在实验结束后，被试在没有闻到气味的情况下，这种作用依然持续。

由此可见，天然气味可以提高人的智力表现，刺激人的脑电活动。其他一些研究也证明了气味的作用。沃姆、登伯和帕拉休拉曼（Warm, Dember and Parasuraman, 1991）研究显示，铃兰和薄荷的气味使人的警惕性提高，而被试在闻到这些气味的时候正应该将全部注意力集中在电脑屏幕上。用同样的方法，米洛特、布兰德和莫兰德（Millot, Brand and Morand, 2002）的研究发现，当闻到薰衣草气味的时候，人对视觉刺激和听觉刺激的反应时间缩短了（当听到一个声音或者看到屏幕上的一个信号的时候尽可能快速地按下按键）。巴伦和卡舍尔（Baron and Kalsher, 1998）让被试使用游戏手柄尽可能长时间地跟随一个运动物体的运动轨迹，他们发现，柠檬的气味能让被试坚持更长时间。人们还发现，在驾车过程中，柠檬和薄荷的气味可以提高司机对突发事件（行人或障碍等）的反应能力，缓解驾驶者的疲劳状态（Raudenbush et al., 待印刷）。罗特曼（Rottman, 1989）发现，茉莉花的香气可以提高解题能力。研究人员还发现，柠檬和薄荷的气味还有增强人记忆力的功效（Zoladz and Raudenbush, 2005）。

劳登巴什、科利和伊普奇（Raudenbush, Corley and Eppich, 2001）对实验对象进行了体能和运动测试（400米跑的时间、篮球投篮命中率、手部肌肉力量、推力等）。测试过程中，有的被试鼻子下的棉片浸有薄荷的气味，另一些则没有。研究人员发现，薄荷的气味对于推力和手部力量有增强作用，但对400米跑和投篮却没有影响。由此可见，薄荷似乎对于那些需要肌肉力量的活动有影响，而对于需要耐力和准确度来完成的任务的影响就不那么明显。

**结 论**

来自水果和花朵的天然气味对人的某些认知和身体活动有促进作用。在一些研究人员看来，它们有助于人们完成一些需要集中注意力或者提高警惕性的活动，简单说就是那些需要快速调动身体潜在力量的活动，例如用力推某个物体，或者用手挤压某一物体。所以，人们可以充分利用气味的作用，来完成那些需要短时间集中注意力和力量的体育项目和活动。

## 28 面包屋飘香

气味是环境的一部分，研究显示，气味对我们的行为有着明显的影响。在特定环境下，某些气味的传播可以让我们轻易地受人摆布。研究人员发现，宜人的气味，无论是天然的（来自鲜花或水果）还是人工的（甜面包的香味）都可以改变我们的社会行为。一些针对环境气味和利他行为的研究证明了这一点。

在格兰姆斯（Grimes，1999）的一项研究中，被试被分为三组，一组处于香草气味的环境中，一组是薰衣草气味，还有一组没有任何气味。印刷问卷的纸张也被浸入这种气味。研究人员让他们将耳朵贴在问卷上，保持 30 秒，以此保证与这种气味的充分接触。然后，研究人员请被试参与一项志愿者活动。为了方便联系，请他们留下姓名和地址，并且说明他们每周愿意为活动付出多长时间。

结果显示，"无气味组"中的成员平均每周愿意花费 110 分钟，"薰衣草组"为 150 分钟，而"香草组"则是 349 分钟。

可见，环境中天然的芳香增强了人们帮助他人的"利他力"。研究人员还发现，虽然两种香气都让参与志愿者活动的时间增长，"香草组"的时间却比"薰衣草组"长很多。在研究人员看来，这是因为香草的气味在人类生命之初就出现在我们的嗅觉环境中（很多婴儿食品都是香草味的）。

在这项研究中，研究人员研究的是帮助他人的"意愿"，但是人的真实行为是否受到宜人的环境气味的影响还未可知。此外，格兰姆斯（Grimes，1999）的研究使用的是天然的气味，还有一些公认的宜人香气却是人工合成的，比如烹制食品过程中的气味，是不是也有这种效果呢？

巴伦（Baron，1997）尝试研究，当环境中弥漫着熟悉又宜人的气味时，人们是否会由于心情愉快而更愿意帮助别人。研究人员选择请人帮忙的地点不一，但是都靠近某个商业店铺，有些地方气味宜人，如甜品店、咖啡馆等；也有一些地方没有香味，如服装店等。一名研究人员在这些地方手拿 1 美元的钞票，请求路人为他兑换零钱。

表 5.2　同意帮忙的行人百分比

|  | 无味道 | 宜人味道 |
|---|---|---|
| 男性路人 | 24.1% | 51.7% |
| 女性路人 | 13.8% | 58.6% |

所以，宜人的香气的确有助于人的利他行为。这可能是因为某些气味促进了社会互动。

泽姆克和休梅克（Zemke and Shoemaker，2006）在一个酒店会议室的相邻房间扩散天竺葵精油的气味，同时通过视频监控会议室中人的行为与之前没有味道时的差别，研究人员发现，天竺葵的气味可以促进人们之间的社会关系（身体之间的距离更近、对话更多、握手的次数增多等）。

所以，为了促进社会关系，让一个地方变得更加积极，使用芳香策略是个不错的办法！

 **结 论**

环境中的某些气味会让我们变得更乐于帮助他人，与别人互动。正如巴伦（Baron，1997）所强调的，这是因为这些气味给人带来好心情，从而让社会关系更融洽，产生更多的利他行为。所以，人们可以利用某些地点自然飘散出的气味来"做文章"。比如，如果你在马路上做问卷调查，选择在面包店或甜点店附近肯定没错哦！

# 29 与你"香"遇

刚刚我们看到，环境中的气味可以影响我们的行为和判断力。气味的功效还远不止于此，要是你想找到自己的意中人，在甜品店附近成功的几率可能要大于在银行附近！

在盖冈（Guéguen，2011，2012）的一系列研究中，男孩们会在一个大型商场的不同地点与多名年轻女孩搭讪，这些地点都是在一些商铺附近，但是由于经营类别不同，商铺散发出的气味也不同：有些气味比较让人舒服（甜品、点心店），有些在气味上则比较中性（如服装店）。这些男孩会在不同区域向女孩要电话号码，当然，这些男孩子的长相都属于讨人喜欢的类型。

结果显示，在"中性气味区"，有 13.5% 的女孩留了电话；而"宜人气味区"，留电话的女孩比率达到 23.0%。在第二次实验中，实验条件控制得更加严格，研究人员邀请一些年轻女孩来到一个房间等候（经过事先调查，实验进行时女孩都处于单身状态），有的等候室中有羊角面包的香味，另一些则没有。5 分钟后，她们被邀请来到另一个房间参与一项调查，名义上研究的内容是人们如何根据他人的一些信息对其做出评价。这时，一名英俊的年轻男士走了进来，研究人员声称，这名大学生也是来参加实验的。而事实上，他是研究人员的"托儿"。由于"偶然"发生的技术问题，调查被迫中断，男士开始和女孩交谈起来，之后男士提出，为了日后联系方便，能不能留个电话。结果，"羊角面包气味"等候室的女孩子中，66.7% 愿意留下联系方式，而另一组只有 40.5% 的女孩子同意了这个请求。

在第一个实验中，男孩的言行可能也会受到商店气味的影响，而第二个在实验室进行的实验中，这种可能性被排除了。宜人的香气似乎激发了人的积极情绪，让女孩更愿意同意男士的请求。在这些研究中，研究人员讨论的主要是食物的气味，但研究显示，茉莉花精油的气味会让女人更愿意向对她们微笑的男士报以同样的微笑。

 **结 论**

我们知道，宜人的香气会让人们更愿意帮助他人，但它的影响似乎不止于此。它所带来的积极情绪对多种社会关系都会产生积极的作用。人类的很多行为都可能会受到环境气味的影响，而帮助他人或者留下电话号码只是其中的两种。

# 第6章

## 太阳和月亮的影响

## 30 你是我生命中的太阳

有很多歌曲、诗歌和谚语都歌颂过太阳！的确，如果没有它，如果不是它那遥远的存在，就没有地球上的我们。所以人类对太阳的景仰不足为奇，它让我们的内心充满喜悦。它带来了生命，其重要性在人类生命之初，在人还不能赞叹它的时候便已显现。在怀孕最初的三个月，晒太阳会让宝宝长得更高、更重（Tustin, Gross and Haynes，2004）。阳光与生命息息相关。当它在那里，当它在苍穹闪耀，我们的行为就会因它而发生改变。

在一项针对太阳对人类行为影响的系列研究中，坎宁安（Cunningham，1979）尝试研究太阳对人类利他行为的影响。第一项研究中，研究人员主动与人搭讪，称自己是社会学系的学生，在做一个问卷调查，问卷共有 80 个问题，对方可以选择能够接受的问题数量。调查都选择在非下雨天进行，室外温度在 –18—38 摄氏度之间。研究人员控制了天气的不同参数和气压的变化，同时也会测量日照程度。结果显示，日照与助人行为关系密切，且与季节无关。事实上，研究人员在春天和夏天得到的帮助更多，但是在冬天天气晴朗的时候，他得到的帮助远胜于温暖季节的阴天。所以影响人们的并不是温度，而是阳光。

这名研究人员在 4 月、5 月和 6 月又进行了第二次调查，这次的调查地点选择在一家饭店里，这里的室内温度一直保持在 21 摄氏度（室外温度在 4—27 摄氏度之间）。饭店的 6 名女服务员要去收集顾客的某些信息（性别、大致年龄、账单金额等）。她们还要填写一个评估表，用来报告在收集这些信息之前的情绪状态。结果显示，即使排除性别和年龄因素，小费的总额与日照水平息息相关。研究人员还发现，阳光明媚的天气，来饭店就餐的老人和女性明显增多。而且阳光与心情成正比，阳光越好，女服务员的情绪状态越佳！

所以，排除温度和季节因素，阳光让我们变得更乐于助人，这可能是由于阳光给人带来了积极情绪。不过研究人员发现，阳光的影响还远不止于此。

在另一项研究中（Guéguen，待发表），一些男孩主动去搭讪路上的年轻女孩。进行实验时的天气分有阳光和没有阳光两种情况，但是室外温度基本一致。因为实验地点靠近大海，气候环境非常舒适，在一年中的某些时候，有无阳光可能会导致微弱的温度差，但是研究人员不会选择在下雨天进行实验。这些男生长相英俊，而且都对这个实验非常熟悉，他们搭讪年轻女孩，想要她们的电话号码。结果见图6.1。

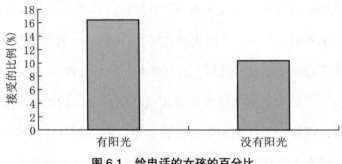

**图 6.1　给电话的女孩的百分比**

可以看出，阳光让女孩子们更愿意留下她们的电话。很多同类研究都证明，阳光有让人幸福的特质，它让我们以更加积极的态度面对社会互动。一段浪漫关系的开启似乎无法逃脱阳光所带来的"正能量"。

阳光对人类的社会关系有着积极的影响，这种影响可以具体到很多情况中。研究人员还发现，在温度相同的情况下，天气晴朗的时候，人们更愿意向对他们微笑的人报以同样的微笑（Guéguen and Fisher-Lokou，待发表）。

**结 论**

阳光对人类社会关系有着积极的影响，因为很难控制所有因素（不能通过实验手段产生阳光），在这方面的研究还比较少，但我们已经知道，晴朗无云的好天气能够激发出最好的自己，让我们看到"玫瑰人生"。很明显，这种效果是阳光带来的，与温度的升高无关。有了太阳，我们就有了好心情！

# 3l 雨过天晴

刚刚我们看到，太阳会影响我们的行为。太阳的魔力如此之大，以至于我们只要想到外面晴朗的天气和温暖的阳光，就会改变我们的行为。不需要亲眼见到太阳，只需相信"它在那里"就够了。

林德（Rind，1996）的研究是在一座旅馆中进行的，这座旅馆的窗户玻璃都是不透明的，即便是晴朗的天气，房间内仍给人阴暗的感觉。实验选择在秋天的早晨进行，当客人准备在他们的

房间里用早餐之前，无从得知外面的天气，一名服务员（男性，
20 岁左右）会被顾客问及外面的天气情况，或者在顾客没有问的
情况下主动告知对方。服务员告诉顾客的天气分四种情况：晴朗、
多云、阴天和下雨。随后，服务员送上客人点的饮料和早餐，客
人会立刻付钱并给小费。服务员会计算小费占餐费总额的百分比。
结果见表 6.1。

表 6.1　小费的平均百分比

| 下雨 | 阴天 | 多云 | 晴天 |
|---|---|---|---|
| 18.8% | 24.4% | 26.5% | 29.4% |

由此可见，只要知道外面天气晴朗就会让我们更加"利他"。
但要注意的是，导致这种差异的关键是阳光而不是由此推断的天
气会很暖和。事实上，第二个研究是在春天进行的，这次服务员
会告诉顾客外面是晴天或下雨，但是会补充外面很冷或很热。但
研究人员发现，即便服务员加上关于温度的信息，小费数量没有
任何差别。只有晴天或阴雨才能影响顾客的行为。

天气信息可以影响我们的利他行为。这种影响非常明显，它
可通过多种不同的方式显现。

在林德和斯坦梅茨（Rind and Strohmetz，2001）的一项研究

中，研究人员将使用与前次实验不同的方法来验证天气信息对人的影响。一名饭店的女服务员会手写下她预计明天天气会很好，希望大家今天过得愉快，或者明天的天气可能不太好，但仍然希望顾客们今天有个好心情。结果显示，相比较没有任何信息的情况，好天气的信息会带来更多的小费，而坏天气的信息和没有信息一样，小费没有变化。

所以，预计明天是晴天会在很大程度上改变我们的行为。太阳对我们的影响是如此之大，以至于只要看到它的图像就可以改变我们的行为。

所以，在盖冈和勒格埃海尔（Guéguen and Legohérel，2000）的研究中，酒吧服务员只是在顾客的账单上画了一个小太阳，就让给小费的顾客数量从 21% 升至 38%。

## 结 论

太阳对我们的影响是如此之大，以至于只要相信它在那里，或即将会出现，抑或是看到代表太阳的简单图画，就可以改变我们的行为。研究人员认为，太阳对人的生活至关重要，它与我们的回忆，与那些美好的事物紧密相连，只需简单地提及它，无论是通过语言还是图画，就可以影响我们的行为。所以，对太阳各种形式的描绘都可以激发人们的好心情。

## 32 阴暗行为！

从人类诞生之初，白天与黑夜就划分着我们的生活。前面我们看到，太阳和阳光影响着人类的行为。研究显示，黑暗对人类的行为也有着不容忽视的作用，尤其是那些不太光彩的行为。

很多研究发现，照明能起到预防犯罪的作用，而黑暗会滋生犯罪行为。基内和那恩（Quinet and Nunn，1998）观察了美国印第安纳波利斯市郊区的几个社区。其中一部分小区最近刚刚加强了照明，研究人员将这些小区和其他小区做了对比，分析了它们的报警情况。结果发现，在照明条件较好的小区，室内和车内盗窃以及轻微的不法行为（破坏建筑物、涂鸦等）的报案率明显低于同类小区。研究人员还发现，当照明条件得到改善以后，报案率明显下降。

黑暗会滋生犯罪，而光明能减少犯罪的发生。很多研究都证明了这一结论。博伊那（Poyner，1991）观察发现，停车场的照明可以减少盗车案的发生。路易斯和沙利文（Lewis and Sullivan，1979）发现照明可以减少各种犯罪事件的发生。它在预防公共道路犯罪方面的作用尤为显著（Painter and Farington，2001）。昏暗的环境促使了犯罪，而人工照明可以减少犯罪的发生，其原因显而易见：罪犯不想自己被看见。不仅仅是犯罪行为，很多不文明行为都发生在黑暗的地方。

我们观察了酒吧附近常见的不文明行为（随地小便、吐痰、说脏话等）后发现，随地小便的行为尤其发生在黑暗区域，羞耻感让他们选择这样的地方，以免被人看到。而无论在照明区域还是黑暗区域，辱骂、脏话和吐痰都有发生（Guégen，待发表）。

这些研究都证明，黑暗与犯罪行为密切相关。而实验发现，光照可以直接改变人的行为，攻击行为与亮度成反比。

佩奇和莫斯（Page and Moss，1976）邀请两个人来到他们的实验室，其中一个是研究人员的"托儿"。研究人员告诉两位，他们是来参加一个关于"惩罚对学习的作用"的实验。实验对象抽签决定谁是老师、谁是学生，当然研究人员事先动了手脚，他们的托儿抽到的一直是"学生"。学生犯错误时，老师要对他进行电击作为惩罚。电流的强度由老师选择。老师通过手中的控制器来控制电流强度，共有 10 个按钮，分别代表低度电击、中度电击和高度电击。共有两间房间来进行这个实验，一个房间因为照明充足（8 盏灯）非常明亮，另一个房间只有一个 7 瓦的灯泡，所以非常昏暗，但是可以看清电流控制器。实验进行时，研究人员借口自己要留在控制室中，房间中只有"老师"和"学生"。最后研究人员会评估，照明与电流强度之间的关系。结果发现，昏暗的环境中，老师的"惩罚"较重。环境让他们觉得自己是隐匿的，不会被认出来，所以自然会采取更具有违抗性的行为。

黑暗还会影响人的利他主义和诚实度。在一项研究中（Guéguen and Fischer-Lokou，待发表），研究人员的"托儿"走在行人前面两米处时，装作从口袋里掏东西不小心掉了一只手套、一包纸巾或者一张 5 欧元面值的纸币。他佯装不知情，继续走路。路人的反应分三种：提醒失主或将东西拾起交还给失主、视而不见、将东西据为己有。实验地点要么选择在路灯附近（照明充足），要么在两个路灯之间照明不太充足的地方。结果见表 6.2。

表 6.2　不同照明环境下路人的行为

|  | 手套 | 纸巾 | 5 欧元 |
|---|---|---|---|
| **提醒或归还** | | | |
| －照明 | 84% | 68% | 64% |
| －昏暗 | 53% | 34% | 11% |
| **视而不见** | | | |
| －照明 | 16% | 28% | 0% |
| －昏暗 | 35% | 49% | 6% |
| **据为己有** | | | |
| －照明 | 0% | 4% | 36% |
| －黑暗 | 12% | 17% | 83% |

可以看出，黑暗会影响人的助人行为。在两种环境中，相同数量的人注意到他人丢失了财物，但是反应却大不相同（已被实验证实），可见照明会影响人的行为。

其他研究也证明了这一结论。在钟、伯恩斯和吉诺（Zhong, Bohns and Gino，2010）的研究中，研究人员使用的是太阳眼镜，它会让人的视野变得很暗，研究人员发现，佩戴太阳眼镜会让人变得更自私，个人主义情绪增强，因为太阳眼镜让我们的世界变暗。

 结 论

黑暗似乎不会引发非常积极的社会行为。在黑暗中，人们的攻击性和违抗性更强，对他人更加冷漠。虽然照明会消耗能量，但是它能让我们放弃那些有争议的行为。在黑暗中，人们感觉自己不会被他人所识，所以变得更加个人主义，更少为他人着想，践踏规则的能力增强。当人们不如意时，常常会说自己心情灰暗，这也许是有道理的！以上研究似乎都证明了这一点。

## 33 日丽"人"清

一整天阴云密布，却不下雨，还有比这更让人心情不好的事吗？一整天都要开着灯。研究显示，这种天气会改变我们对他人的评判标准。

西蒙逊（Simonsohn，待印）翻阅了某所大学的大学生参加某个培训的注册申请，每一份申请书都由两个评审官审阅并给出意见：是否推荐此学生，并给出理由。很明显，评审日期会标注在文件上。研究人员根据气象信息，可以计算出当日在大学上空的云层覆盖情况。一共有 10 个等级，0 代表晴空万里，10 代表阴云密布。

结果显示，多云的日子里，评审官比较注意学习因素（分数、

老师的评语等），而晴朗天气时，评审官更看重学习以外的因素
（喜欢的运动、爱好等）。

## 🌸 结 论

天空中的云层影响人们对候选人的选择标准，这表明外部气候条件能影响人的判断。但是评审者对此并不知情。在这项研究中，评审人员考量的因素随着云层的厚度而变化。看来，如果你要去参加一个面试，要先看看那天的天气怎么样。如果是多云到阴的天气，重点是学习成绩和老师的评语；如果是晴天，就多谈谈自己的业余爱好，当然，学习成绩也不容忽视。

# 34 分贝与人的行为

在实验室环境中，噪音对人的生理反应有影响。然而，声音环境对人的社会行为也有影响。心理学研究证明，环境中的各种声音深刻影响着我们的社会行为。

马修斯和卡农（Mathews and Canon，1975）在一条马路上研

究噪音对行人的影响。研究人员的"托儿"根据不同情况在胳膊上打着或不打石膏，他从一辆汽车里出来，怀里抱着一大叠书，然后装作不小心在一个路人面前将书散落在地。同时，另一名"托儿"在附近的一个院子里发动一台没有消音器的割草机。噪音分两种：一种是试图启动割草机但是没有成功的声音，大约50分贝左右，相对较低；另一种是没有消音器的发动机咆哮着发动起来，此时噪音很大，87分贝左右。研究人员统计在两种噪音环境中路人对第一名"托儿"的帮助情况。

表 6.3  伸出援手的路人百分比

|  | 低噪音 | 高噪音 |
|---|---|---|
| 手臂打石膏 | 80% | 15% |
| 手臂没打石膏 | 20% | 10% |

结果见表6.3。可以发现，在一个让人很难忍受的嘈杂环境中，哪怕碰到的是一个明显需要帮助的人（手上打着石膏），人们仍会拒绝伸出援手。

让人不愉快的噪音干扰了人们采取与环境相适宜的行为，影响了人的利他行为。有时，一点点事情就能影响人们帮助他人的行为。柯尔特、伊普玛和托潘（Korte，Ypma and Toppen，1975）

发现，汽车噪音能够减少路人提醒他人掉落钥匙的比率。这是一个逃离不愉快刺激的简单反应。

事实上，马修斯和卡农（Mathews and Canon，1975）又进行了第二次实验，这次实验环境的不可控因素更少，它又一次证明了前面实验的结论。实验对象来到实验室参加一个面谈，在等候室中，研究人员的"托儿"正在阅读报纸，他拿了很多报纸。研究人员通过隐藏在房间内的音响操控房间的噪音（强至85分贝，弱至65分贝，或没有噪音）。过了一会儿，研究人员来到等候室，说轮到那名"托儿"了。站起身来时，"托儿"会把报纸掉在地上。研究人员计算实验对象帮忙的比率。结果显示，在弱噪音的情况下，68%的人愿意帮忙，无噪音情况下是72%，而强噪音环境中，只有37%的人愿意伸出援手。

当人们不能装作视而不见时，帮助行为仍然受到了抑制。这说明人在自我封闭以减少噪音的伤害，同时也不会对周围的信息进行分析。

## ❀ 结 论

扰人的声音环境达到一定程度，会对我们的社会行为产生负面影响。这已经被实验所证实。而助人行为只是众多受到抑制的行为中的一种。阿普尔雅德和林特尔（Appleyard and Lintell，1972）研究发现，一个嘈杂的街道环境会减少邻里间的互动。同时，噪音会促进攻击行为的表达（Donnerstain and Wilson，1976）。所以，尽一切可能减少环境噪音可以促进社会关系的积极互动。同时，这些研究也解释了为什么自然环境会对健康产生积极影响，例如在前文中我们看到在森林中徒步给身体带来的好处。森林的美不单单是视觉上的，也是听觉上的。森林中的声音或是森林中的寂静都让它与城市环境有着天壤之别。这也在一定程度上解释了为什么多接触自然会给人们带来好处。

# 35 妈妈，我需要安静

刚刚我们看到，嘈杂的城市噪音对社会关系互动的坏处。我们知道，它对于正处于学习阶段的孩子也很有害，所以限制环境噪音对孩子的健康和学习都很有好处。

在科恩等（Cohen et al.，1981）的一项研究中，他们观察了洛杉矶的一所学校，学校位于一个轻轨站旁，每天有 300 辆列车经过（每 2.5 分钟一辆），噪音高达 95 分贝。三年级学生所在的教室一部分噪音很大，另一些则比较安静。研究人员选择在一个安静的场所对学生进行系统的测试，包括问卷、知识和能力测试以及生理方面数据的采集（在孩子们做数学测试和阅读测试的过程中测量他们的收缩压和舒张压）。结果见表 6.4。

表 6.4　血压平均值及考试平均分

|  | 安静的教室 | 噪音较大的教室 |
| --- | --- | --- |
| 血压（毫米汞柱） |  |  |
| —舒张压 | 86.64 | 90.09 |
| —收缩压 | 44.99 | 48.46 |
| 阅读测试分数 | 37.85 | 30.30 |
| 数学测试分数 | 36.96 | 34.35 |

由此可以看出，安静教室中学生的成绩要好于环境噪音较大教室的学生，同时他们的血压（压力指标之一），也低于后者。

## 结　论

环境噪音对孩子的认知表现和生理均有负面影响。研究人员跟踪观察了学生两年后发现，环境噪音对孩子的影响一直持续，并没有因为适应了环境而消除。而且，在对教室进行了隔音处理之后，并未见好转。隔音只对年龄较小的孩子起到了部分效果，他们的成绩提高了。这就说明只对教室进行隔音是不够的，在教室之外或学校之外的城市噪音也应该得到控制。

# 36 沙沙，淙淙，啾啾

前面我们看到城市或人为环境中，噪音给人们带来的危害。自然环境中宜人的声响对人类的行为和健康却有着积极的影响。

新井等（Arai et al.，2008）观察了一些将要接受腹股沟疝外科手术的病人，这些病人必须要接受硬膜外麻醉。外科手术必然会引起焦虑，研究人员研究了这种非常规焦虑的生理指标，即病人的唾液活动。这种情形下的焦虑会让病人大量分泌唾液，研究人员认为唾液的分泌量是衡量焦虑程度的一个指标。病人被分为两组，一组在手术期间听到的是大自然的声音（风的沙沙声、淙淙的水流声），另一组（对照组）没有任何声音。研究人员会分别在病人到达手术室的时候和手术缝合阶段测量病人的唾液分泌量。

结果显示，听到自然声音的那组病人在缝合阶段的唾液分泌量相比到达手术室时有所减少，对照组却没有发生这种情况。在缝合阶段，自然声音组病人的唾液分泌量要明显低于对照组病人，但两组在进入手术室的阶段并没有区别。这就说明，在到达手术室的时候，两组病人的焦虑程度是一样的，但是大自然的声音缓解了这组病人的焦虑情绪。

大自然的声音可以舒缓病人极度焦虑的情绪。研究人员认为，大自然的声音可以让人的精神得到深层放松。这样的声音环境不仅适用于治疗领域，研究人员还发现，它对社会关系也有积极的影响。

盖冈的这项研究（Guéguen，待发表）与马修斯和卡农（Mathews and Canon，1975）在等候室里所做的实验相似，实验对象来到一个房间，房间内研究人员的"托儿"正在阅读课堂笔记。对照组的房间没有任何声音，而实验组的房间里则播放着森林中潺潺的流水声和啾啾的鸟鸣声。"托儿"在受到研究人员的邀请而站起身来的那一刻，一页页的课堂笔记"不慎"散落在地，研究人员观察两组的帮助情况。

结果显示，没有声音的对照组中，67%的人给予了帮助，而实验组里愿意提供帮助的人则达到了93%。这样的声音环境似乎让我们更乐于帮助他人。

所以，自然的声音不但可以影响个体内进程（焦虑是人的内在进程），还可以影响人际关系（帮助他人是天生的人际关系活动）。

## ❀ 结 论

以上实验所用到的自然环境中的声音对人有着积极的影响。自然通过声音就能实现其"安抚"的功效。这些研究成果具有很好的实践意义，因为创造一个这样的声音环境比创造一个植物营造的视觉环境更容易。至少在牙科诊所这样会让人高度焦虑的场所，为病人创造一个这样的环境似乎很有必要。

## 37 温度的影响

"面红耳赤""有热闹看了""热锅上的蚂蚁"……生活中的很多词都与热相关，其描述的行为并不总是积极的。事实上，研究显示，温度对我们的行为和判断有很大的影响，如对人的攻击性、社会关系的和谐程度的影响等。但是，温度的影响不是一成不变的。

在巴伦和蓝斯伯格（Baron and Ransberger，1978）的研究中，研究人员审阅了1967—1971年关于美国集体犯罪的官方资料。研究人员界定骚乱的标准为：投掷投射物；枪击；事件持续时间至少一天；参加者是一群人；警察介入。只有同时达到这些标准才被认定为骚乱。同时，研究人员通过官方气象部门采集骚乱发生时当地的室外气温。共计86起记录在案的骚乱，按照9个气温等级分布见表6.5。

表 6.5　不同室外气温时骚乱发生次数

| 气温（摄氏度） | 骚乱次数 |
| --- | --- |
| 0—4 | 1 |
| 5—9 | 2 |
| 10—14 | 6 |
| 15—19 | 7 |
| 20—24 | 22 |
| 25—29 | 21 |
| 30—34 | 24 |
| 35—39 | 2 |
| 40—44 | 1 |

可以看出，极端天气并没有引起更强的攻击性（这里我们指的是曲线关系）。我们知道，什么样的温度会让人感到舒适，什么

温度适合游泳，但似乎也有一个温度适合发生骚乱（见图 6.2）。

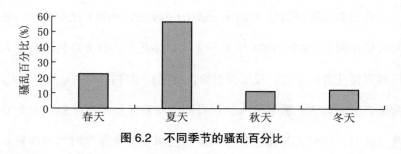

图 6.2　不同季节的骚乱百分比

　　所以，警察或武警想要在夏天休假可能有点困难。其他研究从另外的角度证明了温度与人类行为之间的关系。安德森和安德森（Anderson and Anderson，1984）查阅了芝加哥警方连续两年每年 6、7、8 三个月的犯罪审讯记录（强奸、谋杀等）。根据气象部门的天气预报，按照 24 小时间隔记录温度变化。结果显示，与骚乱和温度之间的曲线关系不同，温度和罪案数量呈单调线性关系。但是，安德森和安德森的这项研究只针对夏天的三个月，没有极端的温度情况。

　　由此可见，在实际情况中，温度能影响人的攻击性。但问题在于，这些研究都很难控制真实原因：温度或其他与温度相关的因素是否影响了攻击的表达？例如，如果天气太冷或太热，人们就不会饮酒，没有酒精的摄入，人就更少冲动行事。为了直接测试温度与攻击性的关系，研究人员进行了一系列实证研究，实验过程对温度和其他变量进行了严格的控制。

巴伦（Baron，1972）的实验有两名参与者，其中一个是"托儿"，他们要完成一项学习任务，一个人充当学生，另一个充当老师。动过手脚的抽签决定"托儿"一直是学生，他与研究人员事先已达成一致，实验过程中，他会故意犯一些错误并因此遭受"老师"的电击作为惩罚（当然，实际上不是真的电击，但"老师"并不知情）。研究人员将实验的环境温度设为：正常（23.6 摄氏度）或偏热（34.4 摄氏度）。最后研究人员统计在两种环境中"老师"给予电击的强度和时长。结果见表 6.6。

表 6.6　结果的平均值

| | 正常温度 | 较高温度 |
| --- | --- | --- |
| 电击时间（按秒计） | 0.47 | 0.38 |
| 电击强度（最大是 4） | 2.9 | 2.2 |

正常温度下，人的攻击性变强，因为电击强度更强，持续的时间也更长；而高温似乎抑制了人的攻击性。

这个实验是在白天进行的，研究人员发现，在夜晚进行也有同样的结果。温暖的夜晚总会让人联想到浪漫，然而，谢弗等

（Schafer et al.，2010）研究证明，夜晚舒适的温度会促进各种形式的犯罪：公路犯罪、盗窃、谋杀、强奸和家庭暴力等。

 **结 论**

温度和攻击性之间似乎的确有联系，但这明显不是线性关系。舒适的温度会助长人的攻击性，高温却可以将其抑制，这与我们的固有观念恰恰相反。

# 38 小心满月

一宗在满月的夜晚发生的恶劣犯罪案件，你会发现很多人都会注意到当晚是满月。很多调查指出，人们认为月亮能影响人的行为。但对社会心理学家而言，群众信仰是一回事，人的行为数据又是另一回事。研究显示，满月似乎对我们没有什么影响。

勒弗雷特（Leflet，1999）进行了一项研究，分析了两年中不法行为、犯罪的报警数量和火警的报警数量。研究人员根据月亮的变化将时间分为：新月、上弦月、满月、下弦月。表6.7中记录了四种情况下报警的平均值。

表 6.7 平均报警次数

| 新月 | 上弦月 | 满月 | 下弦月 |
|---|---|---|---|
| 38.14 | 40.14 | 34.36 | 35.57 |

可以看出，满月并没有导致报警次数的增加，虽然差别不是十分明显，但仍然可以看出，统计结果与我们的日常认知相悖。这一结果在很多国家都得到了反复的印证（参见 Rotton and Kelly，1985，曾就这一主题进行过总结）。研究还显示，即便月圆的影响实际并不存在，人们却"宁可信其有，不愿信其无"。雷诺（Reno，1996）曾就月圆当天和第二天共 48 小时之内的报警和急诊室的接诊数量进行统计。其目的是为了研究人们对月圆影响的信仰程度。研究发现，在这 48 小时中，报警数量和急诊数量并没有任何变化，但是警察和急诊室医护人员仍然相信月圆对人们的行为有影响。信仰与实践在这一点上似乎背道而驰。

满月并不会让人的攻击性增强，因为无论是报警的次数，还是通过对满月当天急诊室和警察局的实际情况的观察都没有发现异常。这个结论已经被反复证实过。研究人员还研究了人的其他一些行为发现，月圆对自杀（Martin，Kelly and Saklofske，

1992)、自杀企图（Roger，Masterton and McGuire，1991）、家庭暴力（Dowling，2005）、精神病人的骚动和病情的发作（Owens and McGowan，2006）、犯人的攻击性和监狱骚乱（Simon，1998）都没有影响。婴儿也不像大家相信的那样会对月圆有什么反应，月圆之夜的出生率并没有增加（Martens，Kelly and Sakloske，1998）。满月对工作上的不良行为或员工的健康也没有影响，因为员工的缺勤率在月亮的不同阶段并无差别（Sands and Miller，1991）。

## 结 论

月亮对人的行为似乎没有任何影响。正如以上学者所总结的那样，人们一直生活在"特兰西瓦尼亚的神话"①之中。从古至今，月亮对人类来说始终是一个庄严的存在，它夜出朝逝，变换着白

---

① 公元 1462 年，君士坦丁堡受到土耳其人的袭击，德古拉伯爵受命征讨土耳其军。不料就在他获胜之时，谣言四起，盛传他已被打败杀死。他的妻子莉莎听闻后悲痛欲绝，投河自杀。凯旋回国的德古拉却看到妻子冰冷的尸体。失去爱人的伯爵痛不欲生，他愤怒地责问上帝："为什么我一心一意侍奉主，抛洒热血为主而战。而您，万能的上帝，却夺去了我一生最珍爱的人，您把您最虔诚的信徒推向了魔鬼！"他用长剑刺穿了十字架上的耶稣，圣像鲜血四流。德古拉从此投向了魔鬼，以鲜血作为生命，成为一个不死的吸血鬼。在他无尽而孤独的生命里，他坚定不移地只想复活自己的爱人。直至他被毁灭的时刻，他依然坚定，哪怕灵魂永世受到地狱之火的炙烤，也不后悔当初为了爱人而挥剑向神。——译者注

天与黑夜的节奏，人们因此执着地相信着它的影响力。这种信仰并不足以改变我们的行为，因为这已经得到了证实。所以月亮的力量只是一个神话。除了对于潮汐，它对我们的生活似乎并没有什么影响。

# 第二部分

## 人于自然

　　现在我们可以肯定地说：不同形态的自然以其多种方式积极地影响着我们的生活。但是，如今的环境状况让人深思：对于自然，人类并没有投桃报李。工业化带来的气候变暖、空气和水污染、被蚕食的森林、地球资源的大量消耗、被浪费的水资源，这一切都让我们的环境日益脆弱，终有一日，自然也许不再给予。在第一部分中，我们着重讨论自然给人类带来的种种好处。第二部分，我们将探讨人们该如何回报自然。有些人对环境状态更加敏感，从而也会采取更多的行动。首先，我们将要探讨哪些个人特点会影响我们的环保意识和行动。性别、年龄、收入水平甚至政治观点都可能会影响我们与自然的关系和我们对它的尊重。接下来，我们将探讨媒体对于环境的报道和其舆论导向的影响。媒体的广告和文章聚焦的问题能直接影响我们的行为和思想吗？我们还会发现，产品的外观能够引导我们做出更加环保的选择。第三部分，我们将探讨那些已存在的或者即将实施的环境政策、策略和方法的影响。通过在家庭和企业安装能源消耗实时监测器，来研究有利于环境的行为的短期和长期影响。第四部分，我们将重新把个体置于他所属的群体之中，来看看他人行为对个体的影响。此外，环保人士所倡导的社会理念可能会降低环保宣传的效果，甚至误导关于人们环保认知的研究结果。第五部分我们将探讨周边因素对我们的认知和选择的影响。办公室里一棵干枯的植物会影响我们对气候变暖的认知吗？室外温度呢？那些与环境没有任何关系的微不足道的因素呢？比如几行关于死亡的诗歌，也许就会对我们产生很大的影响。本书的最后，我们将介绍一些以人的心理活动为基础的行为影响策略，以期能够替代现行方式。不应只通过劝告和奖励来实现人们行为的改变，而是帮助人们自觉去做，这种改变是循序渐进、逐渐深入的。应该重新思考我们的环保宣传方式了！

# 第7章

## 典型的环保主义者的形成、特点及其对环境的看法

## 39　为什么老婆大人总要你注意垃圾分类？

我们终于知道：原来男人来自火星，女人来自水星。但是，哪个星球上的环保做得更好呢？一些研究证明，"水星"在这一点上似乎更胜一筹。吉莱斯尼等（Zelesny et al., 2000）试图探寻造成这种差异的原因。

研究人员就此对 1300 多名初中生和小学生做了问卷调查，调查他们对于环境的看法及相关知识、是否愿意参加废品回收活动以及他们在环境改善问题上的责任感。结果显示，女生对环境表现出比男生更多的担忧，她们对改善环境也表现出更强的责任感，更愿意参加废品回收活动。

所以，女人在成年之前就对环境保护更加敏感。随着研究的进一步深入，研究人员试图寻找文化与此现象的内在联系。

第二项研究的对象变成了 2160 名成年人，他们来自欧洲、美洲的 14 个国家。在这 14 个国家中，10 个国家（包括阿根廷、加拿大、哥斯达黎加、多米尼加共和国、墨西哥、巴拿马、巴拉圭、秘鲁、西班牙和美国）的女性对环境保护的态度比男性更积极，有 11 个国家（阿根廷、加拿大、哥斯达黎加、厄瓜多尔、萨尔瓦多、墨西哥、巴拉圭、秘鲁、西班牙、美国、委内瑞拉）的女性采取环保行为的数量高于男性。

在伊格雷（Eagly，1987）、吉利根（Gilligan，1982）等学者看来，男女之间的这种差异来源于彼此固有的社会角色，这种差异有意或无意地被带到了教育实践中。这样，女人被培养得比男人更重视他人的需求。所以女人更相互依赖，更愿意为他人着想，更无私。这些特点决定了女人对环境保护更加敏感，因为有利于环境的行为被视作利他行为中的一种。与此相反，男人更加独立，更具竞争意识，这些先决条件与环境保护相违。

## 结 论

男女之间在环境相关问题上的种种不同态度和表现拷问着我们的教育实践，我们的孩子也将接受这样的教育。要想解决这一问题，我们需要进行环境教育，改进课程设置，但是更应该质疑的，难道不是男人和女人的社会作用吗？性别平等还应该有另一个目标和另一种调整的方式。

## 40 爷爷对环保为什么总是有抵触情绪？

很多研究证实，人的环保意识随着年龄的增长会明显减弱。一些学者认为，身体、生态、社会等方面的变化，尤其是社会方面的变化，是导致这一现象的原因。巴特尔（Buttel，1979）提出，随着年龄的增长，人会越来越好地融入社会，但同时会趋于更加保守，对新学说更加迟疑，如环境保护理论。还有一种更加先进的解释，一部分学者认为，年长的人对环境问题不够敏感的原因很简单，他们社会化的经济和历史背景都与现在不同，那个时候，环境问题并不是社会焦点问题之一。

莫哈伊和德怀特（Mohai and Twight，1987）试图寻找导致这种现象的真实原因。他们对 7000 多人进行了问卷调查，调查内容包括：对环境和自然资源的看法、有关环保行为实践的知识、公民意识、教育和收入水平。

结果显示，年龄与环保意识紧密相关。但是这一变量与其他变量，尤其是社会地位和收入水平没有任何关系。与年龄因素相反，社会地位和收入水平与环保意识并不是线性关系。20—24 岁的年轻人的社会地位和收入相对较低，40 岁时，环保意识达到顶点，之后随着年龄的升高不断减弱。

年龄和社会地位之间存在着微弱的联系，年龄对环保意识的影响更为直接。人越老，环保意识越薄弱，因为他们没有树立起这种意识。

 结 论

这种理论让我们对未来更加乐观：当代社会对环境保护越来越重视，所以子孙后代对环境的态度也会更加积极，不会因为年龄而减弱。但真的这么乐观吗？

# 41 祖母们的持家之道

人们常说，要少说话，多做事。这句话有道理吗？中老年人的环保理念看起来最为薄弱，那他们的行动呢？兰萨那（Lansana，1992）研究了家庭废弃物的处理问题，其研究结果与人们预料的相反，废物利用做得最好的恰恰是 40—64 岁的中老年人。斯瓦米等（Swami et al., 2011）也证实，随着时间的推移，人们会越来越自觉地进行垃圾分类，所以，他们研究发现，年龄越大，垃圾分类做得越好。

卡尔森-堪亚玛等（Carlsson-Kanyama et al., 2005）感兴趣的是家庭中的能源消费。研究在瑞典进行，对象是将近 600 户家庭。这些家庭要回答研究人员的问卷，问题涉及他们对环境的看法以及他们与家庭有关的行为，如饮食、清洁、娱乐、暖气使用甚至照明等。

结果显示，观点并不决定人的实际行为。但是年龄对某些家庭行为有很大影响。例如洗衣、家庭清洁、供暖，甚至通风。中老年人经常手洗衣物，并将其晾干而不是烘干，而年轻人则更多求助于洗衣机。中老年人平均泡澡的次数更少，所以水的消耗也更低（当然，这一差异有可能与年轻家庭中的低龄儿童有关）。最后，中老年人使用取暖设备和给家庭通风的次数少于年轻家庭。

这一研究让我们多少不会像前一节那样乐观，原来在具体的行为上，也存在着"年代差异"性。

 ## 结 论

爷爷奶奶们对环保知之甚少，但是他们的生活比我们的简单得多。因此，不必为了环保而环保，他们的实际行动比我们更加环保。因此，我们对未来不再乐观，只求年轻人能更好地将他们的"理论"应用于"实践"。

## 42　钱能给我们的星球带来幸福吗？

在所有预设的能影响对环境认知的潜在因素中，人的社会地位这个因素一直是一些学者的研究目标。大家之所以从不同角度看待环境问题，是因为大家拥有的财力资源不同。研究人员想找到两者之间是否存在关联。

万里拉和邓拉普（Van Liere and Dunlap, 1980）分析了1968—1980年关于此课题发表的21篇学术研究，试图找到此问题的最终答案。研究人员选择了三个参考因素来衡量一个人的社会地位：收入水平、受教育程度、工作的专业权威性。结果发现，对环境的担忧程度与受教育水平存在明显的联系，与收入水平和工作权威性存在微弱的正比关系。

收入水平与环保意识的联系十分微弱。但最近，研究人员发现，收入因素和废弃物再利用之间存在很大的联系。瓦伊宁和厄布瑞（Vining and Ebreo，1990）以及甘巴和奥斯坎普（Gamba and Oskamp，1994）都发现，收入越高的人越注意废品的重复利用。

施罗德和莫里斯（Shrode and Morris，2008）研究了社会地位是否会影响人们对气候变暖问题的看法，这些年来，这些因素的影响力有否改变。他们在不同国家做了 4500 份问卷调查，采用不同的数据统计模型进行分析后发现，收入水平和人们对环境的担忧程度存在显著联系。

为什么随着时间的推移，收入水平的影响越来越大呢？学者们援引了马斯洛（Maslow，1970）提出的"人类需求"金字塔来解释这一现象。环境质量被看作一种奢侈的、在满足了物质需求（温饱、住房、经济安全）之后的高层次需求。所以，社会职业领域地位较高的人就会更多地关注环境问题。一些学者还提出，中产阶层和富裕阶层会比其他人更关注舒适的环境体验。因此，如果环境遭到破坏，对他们的影响更大。

## ❀ 结 论

社会地位对环保意识有直接影响。此外，收入的影响增强了。问题是，我们这个经济危机反复发作的时代有利于环保意识的增强吗？

## 43　政治信仰与环保意识

环保主义政客到底加入哪一个党派？这并无定论。但政治倾向与环保意识似乎很有关联。巴特尔和弗林（Buttel and Flinn，1978）研究发现，相较于政见倾向民主派的人来说，政见倾向共和派的人士对环境改革更趋保守。哈里斯·波尔（Poll，2007）的调查显示，62%的共和派人士认为气候变暖并不十分重要。

海恩和吉福德（Hine and Gifford，1991）研究了人们对威胁环境的信息的接受程度。104名学生回答了一份关于政治倾向、对水污染治理情况的感受、在保护环境和面对生态污染方面的行动力的问卷。之后，一半参与者观看了一段关于大洋污染问题的介绍，由14张海滩污染和水生动植物生活状态的幻灯片组成（医疗垃圾被海浪冲到海滩上、被困在渔网里的海豹、搁浅的鱼等）。另一半参与者观看了一段同等长度的介绍，是关于后现代建筑的批评，同样是 14 张幻灯片。之后，两组人填写第二份问卷，调查他们是否愿意采取行动保护环境，与水资源污染作斗争（例如，指出污染环境的行为、读一篇相关问题的文章、参与向污染宣战的非法行动）。最后，所有参与者都受到一位环保组织代表的接待，希望他们能在一份旨在禁止向海洋倾倒垃圾的请愿书上签字，能抽出 4 个小时的时间分发抗污染宣传册，或者向环保组织捐款。

结果显示，看过环境危机介绍一组的大学生更愿意采取行动、保护环境，也有更多学生愿意捐款。从政治信仰的角度分析，政治倾向偏左的大学生比偏右的大学生更愿意将"理论"付诸实践。

政治倾向会影响人的环保意识。在万里拉和邓拉普（Van Liere and Dunlap，1980）看来，导致这一现象原因有三：一是环境改革要付出代价，工业家和企业家们（多数为右派人士）认为代价太高；二是改革必然会导致国家更多地干预经济，这与共和派和保守派的教义相矛盾；三是改革带来的创新可能会打破已建立起来的经济平衡。

 **结 论**

对环境的忧虑与经济利益相矛盾。如果想知道对方是否会对你即将展开的有关环境保护的讨论感兴趣，最好还是先问问他最近的选票投给了谁。这样你才知道，到底是谈谈气候变暖，还是干脆聊聊天气算了。

## 44 城市与乡村

2008 年 4 月，联合国发表公报指出，城镇居民和农村居民的数量在人类历史上首次达到平均，都是 34 亿人。早期的科学研究将居住地预设为影响环保意识和行为的因素（Trembly and Dunlap，1978）。他们认为，城市居民对环境更感兴趣，也更愿意采取行动来保护它。其原因主要有以下几点：城市居民的教育水平和收入水平一般高于农村居民，城市居民也更多地接触环境污染。胡达特·肯尼迪等（Kennedy et al., 2009）想知道，随着时间的推移，这种差距是扩大了还是已经不复存在。

他们邀请了 5794 名城市和农村居民来完成问卷，内容包括：他们的现居住地、他们在农村还是在城市长大，还有各种可能会影响环保意识和行为的预设因素。关于保护环境的意识和行为，研究人员认为之前的研究可能在这方面有所偏差，所以他们针对城市和农村的不同特点作了区分：有只针对城市的（例如使用公共交通），有只针对农村的（例如在自家院子或土地上种植树木），或者将两者都设计进去的（例如减少能源消耗）。保护环境的行为被分为四类：节约（水、能源）、循环利用（垃圾分类、堆肥、材料再利用等）、环境的管理和维护（管理菜园、种植、帮助野生动植物生长等）、参与公共活动（请愿、示威等）。结果统计见表7.1。

**表 7.1　城市和农村居民得分**

|  | 居住在农村 | 居住在城市 |
| --- | --- | --- |
| 环境保护意识得分 | 54.74 | 55.36 |
| **保护环境行为** |  |  |
| －节约 | 11.18 | 11.41 |
| －废物回收 | 7.91 | 7.54 |
| －环境的管理和维护 | 4.80 | 3.83 |
| －参与公共活动 | 1.63 | 1.50 |

由此可以看出，两者之间的差距非常微弱。两方在环保意识上几乎看不出差别，而在行为方面的结果与1978年的研究结果相反，农村人口反而占了上风，在废物回收、环境的管理和维护以及参与公共活动方面均高于城市居民。

　　居住地似乎对环保意识和行为的影响不大。但有一点值得注意，研究人员发现，相比较在城市长大和生活的人来说，在城市长大、现在在农村生活的人会更多地参与废物回收活动。

　　通过这个研究我们发现，今昔与过往已不可同日而语。农村居民和城市居民在环境保护上的差距大大缩小，甚至在某些方面已经赶超了城市居民。研究人员认为，造成这一现象的主要原因是农村居民越来越重视业余生活（更适合农村的环境的活动）。还有一些学者（Jones et al.，2003）认为，从城市迁居到农村的新移民也是原因之一。他们的受教育水平更高，收入更高，这些"新农村人"更符合典型的环保主义者的特质，他们的移民正体现了其信奉的价值观。他们想要更接近自然，当然也会更积极地去保护它。

## ❀ 结 论

　　这份研究揭示出，城市和乡村在环境保护方面的差异并没有那么明显。居住地的种种限制和它所提供的机会使得那里的居民在环保方面扮演着不同的角色。所以在进行环保的宣传活动时，是不是应该区别对待、更有针对性呢？

# 45 天性使然

"他天生就是如此！"从小到大，人们经常用性格来解释某个人的行为。理论上，人的性格有五大特质："外向性"，主要说的是人的自发性、精力和积极的情感；"神经性"，焦虑、易怒，情绪的稳定性；"亲和性"，与"同感心"、注意他人的感受等因素相关；"尽责性"主要是说人的责任心和自律性；"经验开放性"，指的是人的好奇心、想象力、对新事物的兴趣等。对人的性格的考量由每一项特质的得分构成。但是哪种性格最会关心地球的环境状况呢？

赫希和杜尔伯曼（Hirsch and Dolberman，2007）试图找出人的性格与两种对立价值观之间的联系。这两种对立的价值观就是物质主义和环境主义。前者重视物质的及时获取，后者看重自然资源的保护和长远发展。有 106 名大学生参与了这项研究，他们每人都要填写两张评分表，第一张是以上述五种特质为基础的性格评分；第二张是关于他们的环保意识的问卷，调查他们是否愿意完成某些行为（共四十多项，有些具有明显的物质主义倾向，有些则倾向于环境主义）。

　　结果证明，"亲和性"特质与物质主义价值观成反比，与环境主义价值观成正比。此外，"经验开放性"特质也与环境主义成正比。也就是说，如果一个人具有同感心，愿意与人合作，更容易接受新事物、新思想，则更重视保护环境，而多疑且好胜心较强的人（"亲和性"得分很低）则相反。

　　环境保护行为被看作利他行为中的一种，所以"亲和性"与此相关是很自然的。但是"经验开放性"与此的联系就不那么直观了，研究人员认为，这与"审美敏感性"有关，他们在这一项上的得分很高。这种敏感性使得他们希望从自然获得的体验更丰富、更有吸引力，所以自然的状态更让他们担忧。

**一种性格决定观点，另一种决定行为？**

　　斯瓦米等（Swami et al., 2010）研究了性格对环保意识和行为的影响，尤其是对废物处理有关的环保行为。结果与前面一致吗？

　　203 名伦敦居民参与了这项研究，他们都是路上的行人，被研究人员拦住做了问卷调查，包括一张性格评分表，以及如何处理家庭废弃物（回收、再利用、购买包装简单的商品等）。

结果没有发现"亲和性"与处理家庭废弃物之间的联系,"尽责性"却成了影响环保行为的主要指标(垃圾的分类、再利用和从源头上减少垃圾)。

研究人员认为,"尽责性"分数高的人会在行为上实践其价值观。所以,他们注意保护环境的价值观会体现在其行为上。这类人通常都比较自律和有条理,不会半途而废。

## 🌸 结 论

人的性格会影响其环保意识和行为。让人惊讶的是,性格的不同特质会影响意识和行为的不同方面。有没有一个人同时拥有"经验开放性"、"亲和性"和"尽责性"三种特质呢?那不就是一个热情、开放、有责任感的完美人类了吗?

# 46　问我爱你有多深?

"人与自然相互依赖,和谐共处。"每当听到这句话,总会让人觉得这句话同样可以描述人与人之间的关系。人和自然的关系可以类比人和人的关系吗？如果可以，这种关系可以影响人对自然的看法和行为吗？

戴维斯等（Davis et al., 2009）邀请加利福尼亚的71名大学生参与了这项研究。人与自然的关系通过两种方法来测定。第一种由一对对圆圈构成，一个圆圈代表人，一个圆圈代表自然，这种方法本来是用来衡量人与人之间的关系的。每对圆圈的排列方式都不同，第一对圆圈相邻排列，最后一对几乎重叠。大学生们要选出最贴近自己与自然关系的那一组。第二种方法是通过一系列改编自描述感情关系的肯定句组成。例如，"我非常依赖对方"变成"我非常依赖自然环境"，"我觉得我们的关系可以一直持续"变成"我希望我与自然的关系能够历久弥新，越来越深厚"。最后，受访对象要说出自己做了哪些有利于环境的行为，类别如下：能源消费、出行方式、消费习惯、废品的回收等。同时阐述他们对环境的看法。

结果显示，人与自然的关系准确地吻合他们保护环境的行为。它们之间呈现明显的正比关系。

舒尔茨（Schultz）、施赖弗（Shriver）、塔巴尼科（Tabanico）和哈西亚（Khazian）在2004年的研究也得出类似结论。他们从另一视角阐释了人与自然的紧密关系：这些人之所以为环境的现状和未来忧心忡忡，不是为他们自己着想，也不是为了其他人，而是站在环境的立场，为地球上的所有生物着想。

 **结 论**

　　有些人和自然之间的亲密关系与人和人之间的亲密并无二致。如同我们珍视一个人或爱一个人，他们热爱着自然，设身处地地为它着想。人们对爱情进行研究后发现，衡量爱情的决定因素有三：对这段关系的投入程度、满意度、"备胎"存在与否。也就是说，投入越多，获得的积极体验就越多，"备胎"存在的几率就越小，也就越爱对方。人与自然之间的关系能否也用这些因素来衡量呢？"自然"女士，你愿意嫁给我吗？

# 第8章

## 环境信息的传播和环保动员

# 47 只听到你想听的

　　我们对环境的了解主要来自媒体：报纸、电视节目、广播、网络。但在这些纷杂甚至自相矛盾的信息中，有时很难辨别哪些信息过于简化，哪些有误。如果想影响人们的看法，继而影响人们的行为，其决定因素就是信息的可信度。豪兰和曼德尔（Howland and Mandel，1952）、普利斯特和佩蒂（Priester and Petty，2003）都曾通过研究证明过这一观点。梅金德尔等（Meijinders et al.，2009）曾以转基因食品为主题，研究哪些因素能增加信息的可信度。

　　一些大学生受邀参加一项关于创新产品的调查。首先，他们被问及关于这类消费品的观点，比如一种用于防治蛀牙的转基因苹果。接下来请他们阅读一篇与此相关的文章，同时告知他们文章作者的一些相关信息。文章内容完全相同，一部分学生被告知文章出自一名著名的科学记者之手，他供职于一份国家级的重要报纸，人们对他的分析评论一向赞誉有加；另一部分学生则被告知文章来自一名供职于一份地方报纸的实习记者，主要是跑休闲和体育新闻，同时在一家生物科技公司兼职。文章最后，记者就此产品得出一个有利或不利的结论。随后研究人员测量"读者"们对文章的信任程度。结果见图 8.1。

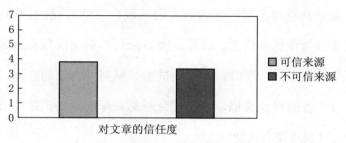

图 8.1　读者对文章的信任度

　　结果不出所料，虽是同一篇文章，人们更相信才华横溢的大记者，对于生物科技公司的兼职记者，人们的信任度就会降低。让人惊讶的是，分析显示，除了作者能力这一因素外，读者与作者的观点是否一致也很重要，读者们更愿意相信那些与自己看法一致的观点。结果参见表 8.1。

表 8.1　对文章的信任度

|  | 作者观点 | |
| --- | --- | --- |
|  | 肯定 | 否定 |
| 读者之前持肯定态度 | 3.84 | 3.61 |
| 读者之前持否定态度 | 3.23 | 3.64 |

当读者对产品所持态度与作者在文章最后表达的观点一致的时候，他们会更加信任文章所传达的信息。

文章的来源能影响其所传达的内容。此外，读者是否认同其观点也非常重要。我们知道，人们一般会节约自己的认知资源，以便能够处理更多信息。因此，他们会更加重视信息周边的因素而不是信息本身。同时，人们还试图长期坚持自己的立场。如果读者与作者的观点类似，他们就会避免更深度地去挖掘信息，也不会去对观点提出质疑。

## ❀ 结 论

人们的注意力和思考能力有限。当接受的信息量持续快速增长时，人们就会使用认知策略。因此，人们有时反而会偏离理性的轨道。所以信息之外的因素不容小觑。

## 48 广告宣传

很长时间以来，广告一直为消费类产品服务。有关环境问题的宣传和动员最近开始一点点深入到媒体领域。"行为受思想的指引",在这一原则的基础上,这种宣传策略旨在改变人们的观点。但研究显示,观点和行为之间的联系其实十分微弱,当聚焦于观点之上,我们最终改变的也只是观点(Staats,Wit and Midden,1996)。如果在策划宣传活动时,能遵循某些心理学规律,就能增强媒体宣传的效果。温莱特等(Winett et al.,1985)曾尝试评估广告宣传的有效性。

150个中产阶级家庭参与了这项实验。研究人员让其中一部分家庭观看了有线频道一个20多分钟的节目,名叫《夏日的微风》,这个节目专门为中产阶级人群量身定制,在播放之前已经预先做过测试。节目以轻快的节奏介绍了一对年轻的中产夫妻,他们无论在年龄、衣着、住所还是喜爱从事的活动方面都与目标人群相似。一天,当收到一张新的电费账单的时候,他们决定要缩减家中的能源消耗。年长一些的邻居们也加入他们的行动中来,年轻夫妇解释了他们为什么要节约能源,哪些方法可以在帮助他们达到目的的同时,不会降低生活的舒适度。节目还剖析了年轻夫妇的行为,反复强调了节约能源的可行办法,最后总结了一系列简单易操作的日常小窍门。

142

实验设置了五种条件。对照组家庭，研究人员在其不知情的情况下采集这些家庭的能源消耗数据；"接触对照组"家庭，研究人员会请他们填写一份关于环保消费知识和行为的问卷；"媒体无接触组"，研究人员通过电话和信件的方式通知这些家庭观看节目；"媒体接触组"，这些家庭既要观看电视节目，也要回答问卷；最后是"媒体面对面接触组"，在这些家庭观看完电视节目之后，实验人员会登门拜访，向他们推荐节约能源消耗的办法，并详细解释该如何操作。参照两组对照组，研究人员最后统计得出三组实验组节约能源的百分比，如表 8.2 所示。

表 8.2　相对于对照组，实验组节约能源百分比

|  | 节约百分比 |
|---|---|
| "媒体无接触组" | 11% |
| "媒体接触组" | 7.4% |
| "媒体面对面接触组" | 8.2% |

结果证明，观看电视节目的确起到了积极的作用，因为所有实验组家庭平均节约了 10% 的电量消耗。"媒体无接触"组与另外两组的数据相当（统计学上看），这一点可以说明，起作用的是媒体宣传，而不是宣传之后或多或少的接触。问卷调查的统计结果

也证明：相对于两组对照组，在观看完节目之后，"媒体接触"组和"媒体面对面接触"组学习了更多的环保知识，并且将其应用到了日常生活中。

　　社会学习理论（Bandura，1977）最初是通过对儿童的研究逐步发展起来的，它为《夏日的微风》这部影片的拍摄提供了理论支持。这一理论的基本思想是：对周围与自己相似的人的观察是人类获得能力的主要途径。简单说来，就是这个人跟我差不多，如果他能做，那我也能做到。《夏日的微风》中的那对年轻夫妇，起到的就是这样的示范作用。影片的观众希望能像他们一样，所以也产生了节约使用能源的愿望。

## ❀　结 论

　　在实际生活中，针对大众的宣传活动效果有限，对具体行为的影响收效甚微。但通过以上研究可以发现，我们可以做得更好。不幸的是，宣传活动的策划基础往往是策划者的各种新颖创意，而不是对人类行为的科学认识。

## 49 恐惧的作用

狂风暴雨！主观镜头：主角走在一条通向大海的小路上，他透过面具看到一个指示牌，上面写着"海滩关闭"。客观镜头：在被石油污染的海滩上，穿着防辐射连体衣的主角手里拿着一个冲浪板向大海走去。画面伴随着悲伤的音乐渐渐淡出，变成黑色。"逆势"是一种宣传策略，刚刚"冲浪者联合会"针对环境问题的宣传片使用的就是这种方法，它更多地被应用在公共健康领域，其原理是"让人害怕"，对潜在的危险产生担忧，从而采取措施进行预防。海恩和吉尔福德（Hine and Gilford，1991）研究发现，同样是针对水污染问题，"威胁性"的描述比"非威胁性"描述更能影响人的行为。

哈斯、巴格利和罗杰斯（Hass，Bagley and Rogers，1975）的研究主题是：针对能源危机，不同程度的恐惧对人的行动意愿的影响。实验在一间实验室中进行，研究对象是大学生，害怕的程度由事件可能带来的危害的严重程度来控制。参与的学生被分成两组，两组都要阅读一篇文章，而后表明自己是否愿意减少能源消费。"高度危害组"阅读的文章中有很多彩色照片，着重描述了能源危机的各种弊端，如日常消费品和煤炭价格飞涨、等候在加油站前长长的车队以及由此引发的冲突；"低度危害组"阅读的文章指出，能源危机没有改变人们的生活习惯，并没有像第一篇文章那样刻意渲染能源危机的后果。实验结果见表 8.3。

表 8.3　不同危害程度下节约能源消费的意愿

|  | 高度危害组 | 低度危害组 |
|---|---|---|
| 是否愿意采取行动 | 7.9 | 6.8 |

研究人员的假设成立，危害程度的高低能够影响人们的行动意愿。第一组学生阅读的文章着重介绍了能源危机的害处，这一组中更多的学生愿意采取行动，节约能源消费。

现如今，关于这一策略在环境领域应用的有效性研究还非常少。通过评估其在公共健康领域的有效性可以发现，如果要使其发挥效果，需要兼具以下三个要素：引起中度到高度焦虑的画面；关于事件极有可能引发的后果的信息；提出有效而具体的预防措施。可悲的是，媒体发布的信息往往不是这样。虽然其引发的焦虑程度符合以上标准，但往往缺失具体而有效的建议。媒体给出的建议或缺失，或抽象，或繁琐，这一切都让人们去控制自己的恐惧，而不是积极行动来避免危险。人们的精力都花费在如何努力忘记信息或避免考虑可能发生的危险上。

 **结 论**

建立在"冲击"画面基础之上的宣传活动对其受众有着某种情感影响。但如果它没有让受众的行为产生预期改变，那这种宣传和动员就是事倍而功半。除非其目标就是想要受众产生负面情绪，这种建立在恐惧基础上的交流方式应该多借鉴文学在这方面的成就。"如果要吓唬别人，那就来点有用的！"

## 50 环保标签

当我们购物时，对所要选择的商品并非总是一目了然，在琳琅满目的商品中，哪个最符合我们的要求，让我们完全满意呢？为了帮助我们做出对环境负责的选择，环保标签应运而生，它会提供商品的环保参数、生产方式、使用方法，甚至还告诉你该如何安排它"退休"后的生活。马格努森等（Magnusson et al.,

2001）研究显示，67% 的受访者认为，购买带有环保标签的商品很好、很明智、很重要。但研究人员还发现，只有 8% 的受访者会在日常生活中购买这种商品。人们通常认为，带有环保标签的商品指的是对环境特别有益的商品；格兰韦斯特、达斯兰德和比尔（Grankvist，Dahlstrand and Biel，2004）研究了另一种标签：指明此商品会对环境造成危害。

40 个瑞典学生参加了这一研究。他们到达实验室后，被安排坐在电脑前面，电脑屏幕上是 16 对商品，有些是食物，另一些则不是。每一个商品都标明了价格、质量和生产国家。研究人员借用交通灯模式来给每个商品打上环保标签。红灯表示"与同类产品比较，此产品对环境的危害高于平均水平"；黄灯表示产品达到平均水平；绿灯则表示优于平均水平。在对照组中，每一对产品都是黄灯。实验组中，每对产品中，一个是黄灯，另一个是红灯或绿灯。在浏览完所有商品之后，学生们要表明他们的购买意图。最后，研究人员请他们说明：购买商品时，他们是否重视商品对环境的影响以及重视程度。

结果显示，对于那些重视商品对环境影响的人群，标签对商品的选择有很大影响；对环保意识淡薄的人来说，标签中包含的正面或负面信息没有差别；而对那些对环境怀有中等担忧程度的人，标签中所含的信息还是有作用的，他们更重视那些红灯标签。

只要消费者对环境状况有些许担忧，环保标签就有它的用武之地。它对商品或正或负的评价可以影响不同类别的消费群体，无论个体是密切关注环境状况，还是只是一般关注。在前文中我们看到，如果想让人们节约能源消费，对信息的认知处理是宣传策略主要考虑的因素之一，环保标签就属于这一范畴。

## ❀ 结 论

所以环保标签是有用的。但是与环境相关的特性并不是区别商品的唯一标准，所以在实际生活中，环保标签的影响被大大降低。而且，环保标签认证昂贵，其主动权掌握在生产商手中，使得这类商品的价格高于同类商品的平均价。所以，如果要颁发负评价的标签，应该由环保组织来操作，这样既可以让顾客在挑选商品时更果断，也可以整体拉高产品的环保特性。但是哪个企业愿意自己的产品被这样指手画脚呢？

# 51 没有决定就是决定

化石能源、核能、可再生能源，如果可以自主选择电力的能量来源，你会选择哪一种呢？研究指出（Farhar，1999；Roe et al.，2001），50%—90% 的受访者表示更愿意使用可再生能源，如果"绿色"电能稍贵一些，他们也可以接受。但这与实际情况并不一致，因为只有 1% 的爱尔兰人、4% 的芬兰人、1% 的德国人、2% 的瑞士人、5% 的英国人使用"绿色"电能。为什么消费者的意愿和实际行为间有如此差距，皮切特和凯斯科普罗斯（Pichert and Katsikopoulos，2008）试图从电力供应商那里找到答案。他们认为，灰色能源之所以占优，是因为消费者别无选择。如果传统电力供应商只提供更有利于环境的能源呢？

乌岑哈根（Wüstenhagen，2000）发现了一份德国电力供应商能源服务有限责任公司（Energiedienst Gmbh）在推广新的电力供应方式时所做的研究。它通过信件告知 150000 名顾客，它将提供三种新的电力供应：一是灰色电力，比之前的电价便宜很多；二是绿色电力，比之前的电价稍贵；第三种最贵，消费者如果选择第三种可以为可再生能源的发展做出贡献。然而，信件并没有要求消费者必须做出选择，而是告知消费者，如果不回信，他们将自动默认消费者选择第二种方式。

信件寄出两个月后，只有 4.3% 的顾客回信订购更实惠的灰色电力，1% 的顾客订购了最贵的绿色电力。也就是说，94% 的消费者默认接受了第二种选择。

皮切特和凯斯科普罗斯（Pichert and Katsikopoulos，2008）认为，接受默认选择更省力。人们不用去搜寻信息，纠结到底作何选择。而且，默认选择也被看作供应商给出的参考意见，所以应该也是最佳选择。真实情况是不是这样？研究人员对此展开研究。

实验参与者的年龄在 18—35 岁之间，被要求想象自己搬到了另一个城市，需要选择电力供应商。他们可以通过宣传页了解两个电力供应商。一个供应商提供的电价十分有竞争力，但是宣传页上没有指出其电力来源（实际生活中就是如此）；另一个供应商的电价稍微贵一些，但是他们强调其电力来源是可再生能源。其合同电价每月比灰色电力高 5 欧元。研究人员设置了三种情况，第一种是灰色电力为城市的传统电力供应商，第二种是绿色电力为城市的传统供应商，第三种是两个公司都不是传统供应商。然后让参与者做出选择。结果如图 8.2 所示。

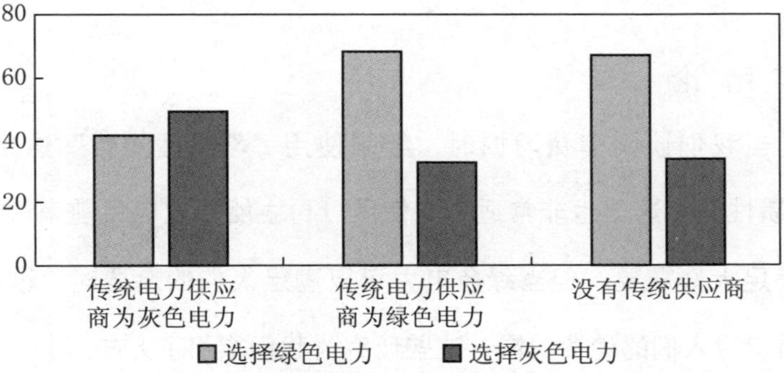


**图 8.2　选择人数百分比**

人们会首选传统的电力供应商。如果传统供应商提供的是灰色电力，人们仍然会采用；当传统电力供应商提供的是绿色电力，人们也很乐于接受。而且，当没有传统的电力供应商时，人们更愿意选择对环境有益的能源。做出这种选择的原因，人们会依次考虑：价格、对环境的影响、要选择新的供应商可能会带来的麻烦。

也许是出于怕麻烦，也可能是对此无动于衷，人们显得十分保守。另外，研究人员强调，导致这种现象的另一个原因是：人们认为，如果不作为，对环境背负的责任少于有所作为。要表明立场，就要为其担负责任，就会让事情复杂化。不想担责任，怕麻烦，人们更愿意同意他人为其提供的现成选择。

 结 论

当我们谈到消费习惯时，经常使用"习惯性消费"这个词。"习惯性"在这里也非常适用。使用可再生能源发电目前来说还不能满足大众需要。但当绿色电力可以满足人们的需要时，该如何重新引导人们的消费习惯，这些研究为我们指引了方向。

# 第9章

## 对现行激励措施和未来策略的评估

# 52 "收买"不来的环保意识!

在法国，押金规则已不再流行。但很长时间以来，法国都是通过押金规则来回收空瓶的。在购买牛奶、红酒、柠檬汽水时，顾客不但要为瓶子里面装的东西付钱，也要为瓶子付一定的押金。喝完瓶里的饮品，去购买处还回空瓶，取回押金。将瓶子消毒后，商店会把它们装上新的饮品售卖。很多人认为，这种方法，或者说一种经济鼓励原则（如奖励、税收抵免、税金），有利于环保行为的产生（垃圾分类、更多使用公共交通工具、房屋的隔热处理、安装太阳能发电设备等）。研究人员研究了奖励对于环保行为的作用，其研究结果值得我们重新审视奖励的策略。

对于废品回收行为和环保意识的培养，哪种方法更有效？是通过奖励还是在当地举办宣传活动？伊耶和迦叶波（Iyer and Kashyap，2007）对此作了纵向对比研究。研究历时 4 个月，地点选在两座规模和人员构成都比较相似的大学生宿舍区进行。第一阶段建立参考标准后，实验阶段正式开始了。"奖励组"中的大学生被告知，将会在回收废品最多的宿舍区举办一场盛大的晚会；

"宣传组"则展开了一场持续两周的动员活动，每天都会向学生派发宣传册，每周举办一次活动，宣传垃圾分类。实验过程中，研究人员对回收的废品称重三次，两次在实验阶段，最后一次是实验结束几天以后。研究人员还会通过问卷的方式评估学生对环境，尤其是垃圾回收所持的普遍观点。回收垃圾重量的统计结果如表 9.1 所示，重量按斤计算。

表 9.1　两组中每位学生实验阶段垃圾回收重量统计

|  | "宣传组" | "奖励组" |
| --- | --- | --- |
| 参考重量 | 0.85 | 0.70 |
| 实验阶段 |  |  |
| 第一次测量 | 1.48 | 1.10 |
| 第二次测量 | 1.55 | 1.24 |
| 实验后的测量 | 1.31 | 0.91 |

实验阶段，两组学生的垃圾分类行为从数据上看不分伯仲。无论是"宣传组"还是"奖励组"，回收垃圾（玻璃、纸）的重量都有了明显的增长。这一数字在第二次测量时继续增加，但是实验结束后都有所回落。"奖励组"的跌落尤其明显，基本接近实验开始前的参考重量。对学生的问卷调查显示，两组学生对环保和垃圾回收所持的观点也有差异，总体上"宣传组"优于"奖励组"。无论

在实验中还是实验后，"宣传组"的表现都好于"奖励组"。

对目标群体的奖励承诺似乎的确可以激发预期行为。而且与传统的宣传模式相比较，其所花费的时间和精力也很合理。但是，它所激发的行为来得快，去得也快。活动一结束（晚会的确举办了），被奖励的学生们又重拾旧习。下次的晚会什么时候举办呢？

有几种原因导致了这种结果。其根源是奖励的集体色彩。学生们的参与感不够，也没有觉得和他们个人有很大关系。奖励的内容对分类垃圾重量的下降也有影响。为了符合大学生的口味，晚会与一般晚会并无二致，与环保主题和环保行为的关联微乎其微。

### 如果奖励是针对个人的呢？

为了回答这个问题，卡兹和巴克曼（Katzev and Bachmann，1982）对比研究了不同的个人财政补贴方式对人们乘坐公共交通的影响。

研究人员挨家挨户动员了波特兰 152 个家庭参加这个历时 9 周的研究：3 周建立参考标准，4 周实验，2 周跟踪研究实验对人们的影响。实验对比了五种情况："控制"情况中，参与者没有被特别要求乘坐公共汽车，只是发给他们一张卡，每次乘坐时要让

157

公车司机在上面盖章，以此来确定在实验期间内他们乘坐公车的次数；第二种情况是"简单积分制"，参与者使用同样的盖章卡片，不同的是，积累一定次数后，在实验期最后，他们可以免费乘坐；第三种情况是"积分和车票折扣"，参与者持同样的卡片，在一周内敲 4 个章之后，每次乘坐可享车费半价的优惠；第四种情况是"积分和分时折扣"，使用这张卡片在非高峰时段乘车，参与者可享受一定的折扣；最后，第五种情况是"免费票"，研究人员会发给参与家庭不限数额、不限线路、不限时段的免费票。统计结果参见表 9.2。研究人员比较的是在规定期限内参与家庭乘坐公车的次数。

表 9.2 五种情况在不同阶段乘车次数的变化

| | 实验阶段相比参考阶段 | 跟踪阶段相比参考阶段 | 跟踪阶段相比实验阶段 |
|---|---|---|---|
| "控制"情况 | +0.08 | −0.15 | −0.24 |
| "简单积分制" | +0.12 | −0.08 | −0.04 |
| "积分和车票折扣" | +0.67 | −0.43 | −0.24 |
| "积分和分时折扣" | +0.40 | −0.11 | −0.51 |
| "免费票" | +0.94 | −0.25 | −0.75 |

不出所料，在实验阶段中，第二种到第五种情况的乘车次数

相比参考阶段均有所增长（从统计上讲），车票折扣和免费票激励人们更多地乘坐公共汽车，在最后一种情况中，平均值接近一次。然而，当我们对比跟踪阶段和参考阶段时（第二列），之前的变化消失了，无论有没有被奖励，人们乘车的次数基本与此前相同。而实验阶段与跟踪阶段的对比则说明，"免费票"条件中，奖励的收回反而起到了负面效果。

这种激励措施的确能起到效果，但仍然短效。很多针对奖励效果的研究都证明，当没有奖励时，先前奖励激发下的行为会随之一起消失。奖励策略的另一个局限表现在奖励激励下行为的专属性。内德勒曼和盖勒尔（Needleman and Geller，1992）研究奖励对企业员工行为的影响，当奖励只是针对金属垃圾时（如易拉罐），它对其他材料（玻璃、纸）的垃圾分类回收没有任何影响。

## ❀ 结 论

这就是奖励的效果。当一味追求奖励时，人们就不会去探究奖励激励之下产生的行为的合理性，不会去探究这种行为的环境和社会意义，只是尽一切可能去得到奖励。

很多东西是买不来的，就算买来也不会长久。这个道理我们都知道。可是如果不用这种方法，我们又该采用什么途径来保护我们的地球呢？

## 53　看菜吃饭，看表用"气"

开着的电视机会耗费多少千瓦时的电量？待机时候呢？通过环保宣传，我们知道，这两种情况比关闭时需要的电量要多得多。但到底什么是千瓦时呢，电费单上面的一串数字到底意味着什么？如果人们不容易理解能量的测量方式，就很难控制每月的使用额度。为了把控制权交还给使用者，让他们对能量的使用有更清晰的掌握，欧盟在 2009 年要求其成员国安装所谓"智能"计量表，这样消费者就能够实时了解能源消费情况。这一提议因其费用问题在法国引起了争议。有学者（Van Houwelingen and Van Raaij，1989）研究发现，安装这种装置还是有效的。

可以实时显示煤气使用情况的"智能"煤气表有用吗？设定煤气使用的节约目标会有效果吗？研究人员为此设置了五种不同

情况，进行了历时一年的实验研究。实验组会接收有关节约使用煤气的信息，并确立每月 10% 的节约目标，为了帮助他们达到这一目标，研究人员给一组（实验组 1）安装了"智能"煤气表，实时显示煤气用量；"每月反馈组"（实验组 2）中的家庭的煤气使用情况会以信件的形式每月邮寄到用户手中；"自我管理组"（实验组 3），用户每月自己采集煤气使用情况并且填写到一份统计表中；"信息组"（实验组 4）中的家庭没有任何特殊帮助。最后是"对照组"，研究人员在用户毫不知情的情况下采集了他们的煤气使用数据。所有家庭一年中所节约的煤气用量以百分比的形式显示在表 9.3 中。

表 9.3　实验尾声各组煤气节约百分比

| | 节约的煤气用量百分比 |
| --- | --- |
| 实验组 1（"智能"煤气表组） | 12.7% |
| 实验组 2（每月反馈组） | 7.7% |
| 实验组 3（自我管理组） | 5.1% |
| 实验组 4（信息组） | 4.3% |
| 对照组 | 0.3% |

结果显示，建立节约目标是有效的，如使用合适的方法来管理能源使用，可以使效果加倍。所以，在实验组 4（信息组）中的家庭只靠自己的力量就节约了消费，"每月反馈组"的节约量几乎

是其两倍，"智能"煤气表组约是它的 3 倍。但反馈的效果是暂时的。研究人员发现，当电表被拆除，不再邮寄信件，煤气消费量又有了反弹。

多个研究都证实，消费反馈能起到积极的作用。它既有利于消费控制，又能起到奖励作用。付出的努力及时得到回报，这的确令人欣慰。

 **结 论**

研究结果增加了欧盟决策的公信力，因为所谓的"智能"计量表对于消费者控制消费的确有效。每月的水电煤发票有助于人们控制能源使用，给他们带来满足感，起到节约能源的效果。但是只有发票似乎还是不够的。

## 54 节约能源让谁受益？

研究证明，"信息反馈"对能源消费行为的确能起到积极的作用。但到底是什么原因促使人们去控制能源消费，是对环境的担忧还是为了节约开支？其动机到底是利己还是利他？格拉汉姆、古和威尔森（Graham，Koo and Wilson，2011）试图找到问题的答案。他们的研究内容是鼓励大学生减少私家车的使用次数。

研究人员建立了一个网站，参与者在网站上录入自己没有使用私家车的次数、出行距离（英里），以及所使用的替代交通工具。128名弗吉尼亚大学的学生参与了这项研究。研究人员要求他们在15天中每两天访问一次网站，填写相关信息。根据实验设置的不同情况，他们在填写完毕后会收到不同的反馈信息。除对照组外，研究人员设置了四种实验条件。"开支信息反馈组"中，参与者会收到一条这样的信息："恭喜您！通过减少私家车的使用，您节约了汽油和汽车养护的费用。从上次登陆到现在，您已节约了……"；"环境信息反馈组"，参与的大学生收到的信息是关于环境的：通过减少私家车的使用，哪些污染物没有被排放到空气中（一氧化碳、二氧化碳、碳氢化合物、氮）；"环境和开支信息反馈组"会同时接收到这两方面的信息；"无信息反馈组"中，参与者不会收到任何信息，无论是关于环境还是开支方面；"对照组"中的参与者只需指出在过去的两周中，私家车使用的次数是不变、减少还是增多了，最低 1 分，最高 9 分。所有参与实验的大学生也需要回答同样的问题。统计结果如表 9.4 所示。

表 9.4    各组私家车使用频率得分

|  | 私家车使用频率得分 |
|---|---|
| 环境和开支信息反馈组 | 4.36 |
| 环境信息反馈组 | 5.63 |
| 开支信息反馈组 | 5.64 |
| 无信息反馈组 | 5.52 |
| 对照组 | 6.44 |

表中的统计数据印证了前文所述，只要进行"跟踪"，就能起到积极的效果。但是，单独给予环境信息反馈和开支信息反馈从数据上看并没有什么差别，要真正起到效果，还是得将两者结合起来。网站上统计的节约里程数据也印证了问卷的分析结果：相较其他组，同时接到环境和开支信息反馈的参与者的私家车行驶里程是最少的。

双重信息反馈为什么能够起到这么大的作用呢？研究者认为，一方面是因为这让参与者有更强烈的被奖励的感觉；另一方面，这种模式覆盖的人群类型更加广泛：重视环境保护的人会把注意力集中在环境的相关信息上，对节约开支比较在意的人会更关注另一方面的信息。所以，单纯的开支信息反馈或环境信息反馈的覆盖面自然小于双重信息反馈。

 结 论

　　在网络上记录自己的行为，收到利己和利他的反馈信息，这不失为一种有效的鼓励措施，不但花费少，覆盖的人群类型也更广泛。还需要"智能计量表"和"信件"吗？网络的普及提供了新的介入模式。

## 55 量体裁衣

　　每个家庭的家庭设施不同，生活习惯迥异。基于这一现象，一些欧洲和北美国家开始实行个性化的介入模式。这种模式类似于审计，一位专家会首先进行一次家庭访问，实地了解家庭设施、消费行为、家庭的期望以及可能性，为其量身定制节约能源的方法，减少温室气体的排放。从已有的评估结果来看，这种机制还是比较有效的。文奈特、洛夫和纪德（Winett, Love and Kidd,

1983）研究指出，通过对供暖和空调使用的现场审计，用户节约
了 21% 的电力消费。这种机制对军人及其家属也有效吗？麦克马
金、马龙和伦德格伦（McMakin，Malone and Lundgren，2002）试
图找到答案。

研究地点选在西雅图附近的一个军事基地，起止时间为 1998
年 9 月—1999 年 8 月，共涉及 3327 户家庭。为了得到每户有关家
庭设施和消费习惯的相关信息，研究人员组织了个体和团体的居
民访问，还访问了负责住房的军官以及煤电等能源设施的维护和
维修人员。以此为基础，研究人员制作了视频、宣传册，在实验
期间播放，分发给每户居民，同时，电子屏上也滚动播放相关信
息。最后，煤电使用的节约百分比如表 9.5 所示。

表 9.5　两种能源实现的节约百分比

|  | 煤气 | 电力 |
|---|---|---|
| 实现节约百分比 | 7% | 3% |

总体上，这次介入节约了军事基地 10% 的能源消费。鉴于军
队的特殊性，这个结果还是很让人鼓舞的，因为节约的动机并不
是来自对于开支的担忧。研究人员转述了一名参与者的话："一位
士兵需要关心的最后一件事，就是要知道自己家在能源的使用上

是否足够节约。"

这种方法虽然在人力和时间上投入较多，但是它的确有效。

**更经济的操作方式**

根据亚拉伯汉姆斯等（Abrahamse et al., 2007）的一项研究，干预方式的花费可以被大大降低。虽然仍采用审计的形式，但通过网络渠道，同时兼用其他方式来进行，如对参与者所做出的努力给予反馈、制定节约目标等。实验结果不仅针对直接能源消费（家庭的水电煤等能源消费），也考虑间接能源消费（如成衣制造、食品、交通等所带来的能源消耗）。

6000 名格罗宁根（荷兰）居民通过信件的方式受邀参与研究，最终有 189 户家庭入选。他们被分成两组，研究人员为他们分别建立了两个不同的网站。实验组的参与者在实验期间要登录 3 次网站（实验之初、实验中期和实验尾声），提交家庭相关信息（如电器设备、照明和供暖等）和家庭成员个人信息（如消费习惯、饮食、穿衣、交通习惯等）。之后，他们会收到环境相关信息以及适合他们情况和生活习惯的能源使用方式。比如，当一户家庭本来将供暖的温度控制器设置为 22℃时，会被要求改为 20℃ ；要把原本的普通灯泡换成节能灯。每次给出建议的同时都会给出一个预期节约能源的百分比，同时设定 5% 的节约目标。两个月后，参与者填写第二份关于消费行为和家庭设施的问卷，以了解他们采取了哪些新的消费行为，哪些家庭设施被更换。以此为基础，研究人员又会给出新的节约建议。实验尾声时再进行同样的操作，同时总体计算已实现的能量节约百分比。对照组中，参与者受邀参加一项研究，被告知的研究目的不是节约能源，而是测试新网站。他们只需登录网站两次。第一次提交家庭设施和消费习惯信息，第二次要更新这些信息。与实验组相反，他们不会收到任何跟环境有关的信息、消费行为建议、节约目标或者消费反馈。每户家庭增加或减少的能量消耗以兆焦为单位呈现在表 9.6 中。

表 9.6　两组参与家庭节约的能源（兆焦）

|  | 对照组 | 实验组 |
|---|---|---|
| 直接能源消费 | 7466 | −973 |
| 间接能源消费 | 3945 | −757 |
| 能源消费总量 | 11411 | −1730 |

不出所料，5 个月的实验结束时，实验组家庭节约了直接和间接能源消费。而对照组的能源消费却有所增长。以个性化干预为

基础的异步交流模式是有效的。

 ## 结 论

这种方法之所以有效，是因为它以信息的个性化为基础。家庭用户不用再对诸多信息进行筛选，个性化的指导让他们很容易上手。除了那些对环境问题非常敏感的家庭，很多家庭对于能源节约可能有心无力，这种方法对于这类家庭非常合适。

# 第 10 章

## 人的社会性：社会标准对环保意识和行为的影响

# 56　示范性规范

　　除了思想，还有什么可以指导人的行为？一些研究指出，人的
行为还受控于他人的行为。米尔格拉姆等（Milgram et al.，1969）发
现，当5个人在马路上驻足望向天空时，18%的行人会和他们一样，
驻足向天上看，80%的行人虽然没有停下脚步，但也望向同样的方
向；当15个人停下脚步，40%的行人会效仿，86%的行人在经过他
们时会抬头看他们。人是社会性动物，不可能对他人传递的信息视
而不见。恰尔蒂尼、雷诺和凯尔格林（Cialdini，Reno and Kallgreen，
1990）研究了他人行为对破坏环境这种不文明行为的影响。

　　139个到停车场取车的人参与了这项实验。研究人员事先在每
辆车的挡风玻璃上都放了一张宣传单。根据"托儿"和停车场状
况一共比较了四种情况。在到达汽车之前，取车人碰到的"托儿"
可能在平静地走路，也可能会将一张纸揉成一团扔在地上。第二
个变量是停车场地面的状况，有可能遍地垃圾（糖纸、烟蒂、空
易拉罐），也可能干干净净。研究人员观察取车人看到挡风玻璃上
宣传单的反应。他们会受他人行为的影响吗？四种情况中将宣传

单扔在地上的人的百分比如图 10.1 所示。

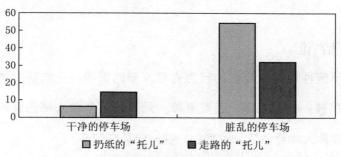

图 10.1　不同情况中将宣传单扔在地上的人的百分比

　　个体所处的环境对其影响很大。当停车场很干净时，大部分人都会维护环境的整洁。相反，当周边环境垃圾遍地，再扔一张揉皱的宣传单似乎也不是什么大事。"托儿"的行为也不是没有作用，当停车场很脏时，"托儿"的行为会直接影响不文明行为发生的比率。他的行为似乎让环境的整洁度所传递的信息现实化了，同时确定了什么能被社会接受，什么则不能。

　　研究人员认为是示范性规范导致这种现象的发生。其根源可以追溯到远古时代，在很多动物中都可以发现这种现象。人类能够存活至今也多亏于此。一方面，史前时期，面对捕食者，跟着大家一起跑比停下来思考该采取什么行动似乎更明智；另一方面，跟随别人的行为在认知资源上也更加省力：它被看成最合适的，它自然发生，不用再去思考其他不同的答案。

 **结 论**

示范性规范对我们的行为有着深刻的影响。正如研究结果揭示的那样：近朱者赤，近墨者黑。只有当大多数人都去爱护环境时，其他人才会仿效。放宽心，这一日总会到来。

## 57 欢迎来到加州旅馆

他人的行为成为我们潜在的行动指南。

在前一节提到的研究成果的基础上，戈德斯坦、恰尔蒂尼和格利斯科维西斯（Goldstein，Cialdini and Griskevicius，2008）为北美的几家酒店设计了一些有说服力的宣传语。实验目的是为了减少客房浴巾的更新频率。每天更换浴巾对环境的影响不容小觑，如果新客人入住，更换浴巾再正常不过，但是如果同一客人连续住几天，实在没有必要每天换新的。

实验针对几家中等酒店的 1595 名客人。根据挂在浴室门上的宣传单内容的不同，共分三种情况。首先是对照组，宣传单的标题是"为环境保护贡献力量"，接下来介绍了酒店正在开展的一项宣传活动，倡议连续入住几天的客人减少浴巾更换；在"示范性规范组"，宣传单的标题是"与其他客人一起共同为环境保护贡献力量"。宣传内容与对照组基本相同，并且强调，75% 入住过本酒店的客人都参加了这项活动，连续几天使用同一条浴巾；在"强调示范性规范组"，宣传单的主题与前组一样，但是内容上详细指出，75% 入住过某号房间（房间号与宣传单所在房间一致）的客人在入住期间都使用了同一条浴巾。重复使用浴巾比率的统计结果如图 10.2 所示。

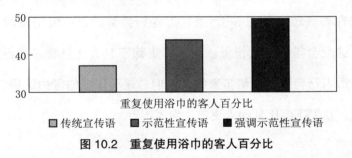

图 10.2 重复使用浴巾的客人百分比

具有导向性的示范性标准明显影响了客人的行为，让他们有了更强的参与意愿。我们也发现，当示范性标准明显指向入住同一房间的参与者时，其效果更加明显。

当大多数人的行为通过一张宣传单被其他人知晓，他们的行为就成了别人的行动参考。无论是否真有其事，宣传语的确对客人的行为起到了直接影响。值得注意的是，当起参考作用的人和人们试图去影响的人之间存在一定联系时，其作用更加明显。这一结论被舒尔茨等（Schultz et al., 2008）的研究证实：与我们相似的人，或者碰巧与我们处于同一境况之中的人对我们的影响更大。

 结 论

提示信息和环保动员活动通常出现在人们可能发生不当行为的地方（将大件垃圾直接丢弃而不是将其运到指定地方、把机油桶扔在普通垃圾箱里等）。虽然这些行为被禁止，但仍然时有发生，这就会带给别人错觉：大家其实都不怎么注意嘛。不当行为没有适当行为那样的诸多束缚，人们总是有现成的理由选择前者。不过，我们不会比其他人更笨，你说呢？

# 58 邻居家的草坪总是更绿？

对于能源消费的反馈能有效地影响人们当下的行为。可是如果反馈信息不光涉及某一家庭，还能看到邻居家的能源消费情况呢？舒尔茨等（Schultz et al.，2007）导入了第二种规范类型——"指令性规范"来研究这一问题。如果说示范性规范描述的是在某种情况下大多数人的行为，指令性规范则描述特定文化背景下社会价值观倡导的行为规范。比如说，在当今社会，指令性规范提倡无偿献血，示范性规范则告诉我们，只有很少的人这样做。恰尔蒂尼等（Cialdini et al.，1991）指出这两种规范都有助于解释人的行为。

　　加利福尼亚州的 287 户家庭参加了这一实验。在为期三周的时间，每户电表的数据都是公开的，在家门外的马路上就可以看到。研究人员会采集电表数据并将其贴在每家的大门上。实验共设置两种情况：在"示范性规范组"中，告知单上的内容包括用户在过去一周中使用的电量（按千瓦时计算）、周围邻居过去一周使用电量的平均值、如何节约用电的建议（如多用风扇、少用空调等）；在"示范性规范＋指令性规范组"中，贴在门上的告知单同样包含这些信息，但是实验人员会再加上一个表情符号，如果用户低于平均值，就是一个笑脸，反之，则是一个哭脸。两组家庭每天平均用电的初始情况及变化如图 10.3 所示。

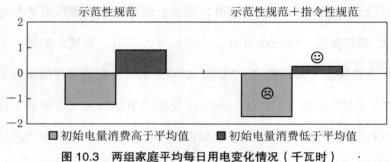

图 10.3  两组家庭平均每日用电变化情况（千瓦时）

告知单所包含的信息对用户的电量消费有明显影响。当告知单只强调示范性标准时（见上图左侧），用户试图靠近平均值，初始用电量高于平均值的用户减少了电量使用，但是初始电量低于平均值的用户却增加了电量使用；当告知单上包含指令性规范时（见上图右侧），示范性规范的反作用被大大降低了。初始用电量高于平均值，并且得到哭脸的用户减少了电量使用，其效果比第一组家庭更加明显。初始电量低于平均值，并且得到笑脸奖励的家庭试图维持这个成绩。

示范性规范和指令性规范相辅相成，共同使用就能达到想要的效果。只使用示范性标准导致电量的增长，不仅仅是因为用户想要接近邻居的平均用电量，还因为他们的松懈。处于领先状态的他们放松了对自己的要求，对电量的使用不再那么关注。与之相反的是，在"示范性规范＋指令性规范"的情况下，行为中内在的价值观被凸显，促使他们采取正确态度，并不断努力。

 结 论

前文中我们提到基于信息反馈的影响策略，它之所以行之有效，是因为增强了对人的控制，并且当用户降低了能源消费时，给予及时的奖励。而本节中的研究让我们不禁将两者联系在一起，如果能在信息反馈中加入社会信息，其有效性会进一步提高。没有参考标准，我们就无法真正评估我们的行为，从这一点来说，了解别人的行为很有必要。

## 59 只做表面文章？

学术期刊上经常发表关于环保观念和环保行为的研究文章，有些谈现状，有些讲演变。但是这些研究结果不一定可信，因为思想和行动并不能总是保持一致。这类研究通常以问卷的分析结果为基础，但是这些回答真的发自内心吗？在社会舆论大力倡导环保意识和行为的背景下，社会舆论是否潜在影响了问卷调查的结果？福劳诺和贝克尔（Felonneau and Becker，2008）研究了社会舆论这一变量对问卷调查的影响。

实验对象是法国波尔多和英国萨里两地的大学生。他们要回答有关环保意识和行为的问卷。问卷形式与传统问卷并无二致，其中包含 27 条有益环境（如"我要节约用水，保护自然资源"）或不利于环境（"垃圾分类真烦"）的主张。你的立场是什么？是否赞成？参与者要在四个选项中选出最接近自己主张的答案。同时，问卷中还列举了 19 条最常见的环保行为，参与者要选择自己实践这些行为的频率，同样有四种程度可供选择。研究人员设置了两种题目要求。第一种要求参与者"尽可能诚实"地做出回答。第二种则要求他们回答同样的问卷，但是要试图营造"良好的个人形象"。根据参与者的性别和题目要求不同，平均分数如表 10.1 所示。

表 10.1　男性和女性参与者根据两种题目要求回答问卷的平均分数

| | 环保意识 | | 环保行为 | |
|---|---|---|---|---|
| | 标准要求 | 良好的形象 | 标准要求 | 良好的形象 |
| 男性 | 2.96 | 3.65 | 2.65 | 3.89 |
| 女性 | 3.17 | 3.74 | 2.63 | 3.86 |

题目要求对答案的影响显而易见。当要求他们塑造良好的个人形象时，参与者对那些有益环境的主张显现出更高的支持度，实践环保行为的频率也更高。我们注意到，就算在"尽可能诚实回答"的要求下，答案的得分也相对较高，是否回答者已经在顾及自我形象了呢？两种情况下的差异在男性参与者和女性参与者上都存在，虽然整体上，女性在环保意识上的得分高于男性（但只限于意识上，两者在行动上并无太大差别，这并不奇怪，很多研究都有类似发现）。

我们知道，社会判断与某些意识和行为相关，它会引导我们塑造自己的意识和行为。在接下来的研究中，除了这两种要求，研究人员又加上了一种：塑造最糟糕的自我形象。最后得到的答案差异明显。由此可见，回答问卷的情境会对答案的真诚度有很大影响。完全匿名的网上问卷，或者受访者觉得访问者赞成自己的观点，这两种情况得到的答案也许会更真实。

## 🌸 结 论

我们非常了解社会对我们的期待，所以当我们面对代表社会的一员（访问者）时，怎么会不知道如何回答更符合社会期盼呢？但这只是表面功夫，受访者私下行为的变化微乎其微。所以，对环境保护的宣传动员活动只是增强了行为规范上的压力，而不是说服人们去改变，其效果仅限于表面而已。

# 第11章

## 想和行：思想诱导对环境认知和环保理念的影响

# 60 枯木逢"暖"

很多社会心理学研究都发现，环境中的物体能影响人的判断和行为。伯克维茨和乐佩吉（Berkowiz and LePage，1967）发现，办公桌上的仿真武器会让实验对象在给予他人电击时选择更高的强度；雅各布等（Jacob et al.，2011）的研究指出，当饭店的餐桌上摆放有与海有关的小雕像时，顾客点鱼的次数更多。自然而然地，一些科研人员想到了绿色植物的外观是否能影响人的判断。我们会发现，不同外观的植物能够对人在气候变暖这一问题上的看法产生潜移默化的影响。

实验在实验室进行，一些大学生受邀完成一份问卷。问卷的内容涉及政治、经济和社会安全等主题，但研究人员的真正目的是研究他们对气候变暖的看法。研究人员设置了两种实验环境，虽然都摆放有榕属植物，但外观截然不同，一株放在地上，高1.5米，另一株放在学生回答问卷的桌子上，高50厘米左右。前者枝繁叶茂，郁郁葱葱；后者没有一片叶子，似乎已经枯死。研究人员通过受访者对不同问题的回答来看植物外观是否能影响他们对气候变暖问题的看法。结果可参见表 11.1。

表 11.1  不同实验环境中受访者对下列气候变暖相关看法的平均支持度

| 问　　题 | 植物茂盛环境 | 植物枯死环境 |
|---|---|---|
| "我已经注意到气候变暖的某些征兆" | 5.3 | 5.9 |
| "我觉得气温比往年高" | 5.1 | 5.6 |
| "现在的气候跟我小时候不一样了" | 5.7 | 5.8 |
| "我觉得全球气候变暖已经开始了" | 5.4 | 5.9 |

　　总体上，我们可以看出，植物的外观带来了不同的判断。枯木的外观加深了人们对气候变暖和天气变化的认知。

　　一株干枯的植物就足以让人们意识到气候变暖现象。研究人员又做了一次类似实验，发现枯死植物的数量也影响着人们的认知。枯死植物越多，人们的感知度也越高，反之则越低。

## ❀ 结 论

　　一株植物的死亡，无论是自然还是偶然（缺乏照料）发生的，都与气候变暖没有任何联系，但却能够增强人们对这种现象的重要性的认知，也由此加深了人们对环境的担忧。在提醒人们防止过度消费这些和气候变暖相关的能源和产品时，可以考虑使用

"枯木"策略来增强其宣传效果。

## 6 1　气温的影响

你是不是觉得这几年的天气预报一点都不准？四季也不再分明？这可能就是气候变暖的最初征兆。要不然就是自从你知道气候变暖这回事，对气象与日俱增的关注带来的心理作用。刚刚我们看到，一株死去的植物就能影响人们对气候变暖问题的认知。利、约翰逊和扎法尔（Ly，Johnson and Zaval，2011）由此想到，室外温度是不是也会对此造成影响呢？

900 名美国人和澳大利亚人参与了这项研究。研究人员通过邮件的方式请他们回答：他们在多大程度上相信气候变暖现象正在发生？他们是否为此感到担忧？目前，他们所处地方的室外温度是多少？对比往年同期是更冷还是更热？结果如图 11.1 所示。

从图中可以看出，人们的担忧程度随着温度的增加而增加。在之后的实验中，研究人员又找来 251 名参与者，向他们介绍了一个旨在减少碳排放、预防气候变化的公益组织——"洁净空气—

185

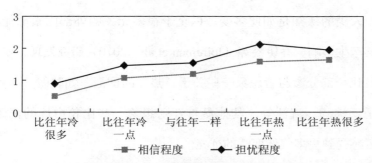

**图 11.1 参与者对气候变暖的相信和担忧程度的平均值及室外温度跟往年比较的不同结果**

凉爽地球"。参与者需要回答，在必要情况下，他们最多愿意为这个组织捐献多少款项。捐款的平均值如图 11.2 所示。

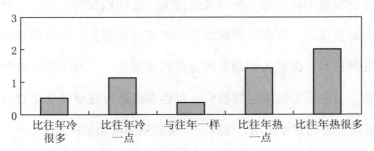

**图 11.2 愿意捐款的平均值（按美元计算）**

室外温度与往年比较的结果不同，对气候变暖问题的认识也不同。当温度比往年高时，参与者更加相信气候变暖现象已经开始，也就对此更加忧虑。这种忧虑让他们更愿意采取行动，在本实验中表现为更愿意为公益组织捐款。

　　人类的认知是如此多变，以至于很多无关的外部因素都能够对其产生影响。乔伊曼等（Joireman et al.，2010）研究发现，研究人员让一部分参与者想象一些关于"热"的词汇，如晴朗、烤焦、赤道、沸腾、流汗等，其他参与者则想象一些比较中性的词语，前者感受到更多气候变暖的征兆。

 ## 结 论

　　气候变暖现象对人类来说比较抽象。但是人与其周边环境的交流使得他们将注意力集中在温度上，让他们以为发现了气候变暖的蛛丝马迹。其实，同期的不同温度自古有之，与气候变暖没有任何关系，但是人们却更愿意这样来解读它。从实用性的角度来看，上述实验结果启发我们，是否应该选择在盛夏季节进行气候变暖问题的宣传活动，这样一定会起到事半功倍的效果。

# 62　当爱只是一种想象

　　从前文中我们知道，人的行为受到其环境的影响，更确切地说，是看环境启发了怎样的认知。我们称之为"认知启动"。在本书第 10 章中，我们探讨了人与环境的关系，我们发现，人与环境的关系对人的影响如此之大，甚至可媲美人与人之间的情感（Schultz et al.，2004）。认知启动过程的结果与人际关系互动的结果相似。那么可否通过人为的方式建立人与环境的关系呢？研究人员试图找到答案。

戴维斯等（Davis et al.，2009）要求一些大学生参与一项主题为环保的研究。在对他们进行了认知启动后，大学生们需要回答一些问卷，检验其对环保的看法和行为。研究人员设置了两种实验条件。一是"亲密关系"条件，参与者要回答 5 个开放性问题，如"描述一两个你能感觉与环境相连的场景""身处自然环境会让人受益，你是否有这样的经历？描述一下"。这些问题能够在认知系统中激活人与环境的亲密关系；二是"疏远关系"条件，大学生们同样要回答 5 个开放性问题，如"我们做的大部分事情都对环境无益，你每天做的哪类事情对环境没有任何影响？"，其目的是激活人在自然中的独立性。从实验室出来后，一名环保组织的志愿者会给他们派发关于水污染的宣传册，同时动员他们下周六参加清洁河流的活动。如被拒绝，志愿者会请他们留下邮箱，以便参加以后的一些活动。最后的结果如表 11.2 所示。

表 11.2　接受不同认知启动的大学生对环境的态度和行为

|  | 亲密关系 | 疏远关系 |
| --- | --- | --- |
| 对环境的态度 | 3.67 | 3.55 |
| 愿意付诸行动 | 3.35 | 3.07 |
| 实际行为 | 54% | 32% |

接受"亲密关系"认知启动的大学生的所作所为就像是他们真的跟环境有这样的关系。他们的态度更积极，付诸行动的意愿更强烈，也更愿意参加清洁河流的活动或者其他类似活动。

因此，人和环境之间所保持的关系对其行为的影响不容小觑。我们本节所看到的研究结果也印证了前文所述，同时，我们发现，人与自然的关系具有高度的主观性，很容易受到环境变化的影响，并且能够在记忆中将其启动。

## 🌸　结　论

对思想的诱导在不知不觉中影响了人的行为。这些研究对我们的启发在于，当对人们进行环保动员时，是否可以想出一些方法、一些宣传语，让人们能够先行思考或者重新思考他们和自然之间的关系？

# 63 人终有一死

虽然说人终有一死，但想到死亡总会让人不舒服。在众多思想诱导方法中，研究人员对"终极宿命"产生了兴趣。似乎在某些情况下，对死亡的预期会让人们更加遵守行为准则。这是一种赎罪吗？

弗里彻等（Fritsche et al., 2010）邀请 107 名大学生参加一项所谓的关于咖啡新品的研究。参与者到达实验室时被告知，结束时会奖励给每人一杯茶或咖啡，有重复使用的杯子和一次性塑料杯可供选择。打开电脑后，参与者要输入一串密码才开始答题，密码就抄在实验室黑板上。他们要先回答一些问题，如比较喜欢哪些饮品等，之后观看一段广告短片，一名年轻女孩历数着这种著名咖啡的种种优点。依照是否进行跟死亡有关的思想诱导和是否宣扬爱护环境的行为，共分成四种实验情况：第一种情况是"思想诱导＋宣扬爱护环境"，席勒的《少年之死的哀歌》中的几行看似偶然地抄在黑板上，关于死亡的词汇被圈了出来。同时，在广告中，女孩说她喜欢使用咖啡杯来喝咖啡，而不是会污染环境的一次性杯子；第二种情况是"无思想诱导＋宣扬爱护环境"，黑板上被圈出的是比较中性的词语；第三种情况是"思想诱导＋不涉及爱护环境"，关于死亡的词汇被圈出，但是广告中的女孩说自己很喜欢在工作的时候喝杯咖啡；最后一种情况是"无思想诱导＋不涉及爱护环境"。最后研究人员统计每组中的参与者选择可重复使用杯子和一次性杯子的数量，结果见表 11.3。

表 11.3　每组中选择可重复使用杯子的参与者数量

|  | 思想诱导 | 无思想诱导 |
|---|---|---|
| 宣扬爱护环境 | 58% | 31% |
| 不涉及爱护环境 | 19% | 24% |

有环保内容的信息似乎能够影响参与者的选择，但是席勒的诗歌让他们预先想到了死亡，这种思想诱导让差异变得更加明显。

想到死亡的个体会在某个特定时刻和特定场景做出更有意义、更符合他人期待的选择。这样的思想诱导的结果与某些征象紧密相连，而这些征象能让人推导出他人对其的期待。弗里彻等（Frische et al.，2010）还做了一个同样的实验，但是宣扬的是有害环境的行为，实验结果与前次实验截然相反。遵守规则会让人融入集体之中，但是对死亡的预期又把他们排除在集体之外。人们一起生活，却独自死亡。

 ## 结 论

　　不少公益宣传活动都建立在人的恐惧心理之上。在环保宣传方面，宣传的重点经常是破坏环境会给动植物带来的灾难性后果。上述的实验结果带给人们更多启发，公益宣传中如果强调破坏环境给人类、给自然这个人类的天然屏障带来的根本性后果，可能会更加有效。至少，爱护环境的行为应该更被凸显。

# 第12章

## 自愿服从与承诺式交流：
## 两种策略对环保行为的影响

## 64 我有垃圾分类的自由

　　社会心理学研究显示，在请人帮忙的场景中增加一些无足轻重的简单因素，就能够影响一个行为的发生。"你有……的自由"，这句话就是其中之一。风和日丽的一天，巴斯夸尔和盖冈（Pascual and Guéguen，2002）请求路上的行人给他们一点零钱坐公车，但请求的方式不一，对一些路人是按照正常的方式索取，对另一些则会在最后加上一句："您有同意或拒绝的自由。"结果发现，第二组路人不但给钱的人多，出手也比第一组大方。盖冈等（Guéguen et al.，2010）想知道，这样的方法对家庭垃圾分类是否有同样的作用。

　　100名南布列塔尼区的居民参加了这项研究。一名女性实验员登门拜访，称自己在做一项关于垃圾分类的研究。她给了对照组居民每人一本笔记本，请他们在一个月中每天记录自家扔的垃圾中塑料、纸和玻璃的数量。实验组的居民也是一样，但是女实验员会告诉他们："当然，你们可以选择接受或拒绝，这是你们的自由。"一个月后，女实验员再次登门，收回垃圾分类笔记本。统计结果如表 12.1 所示。

表 12.1　口头答应和实际完成人数百分比

| | 对照组 | "您有接受或拒绝的自由"组 |
|---|---|---|
| 口头答应 | 40% | 65% |
| **笔记本的填写情况** | | |
| －完全没填 | 85.7% | 51% |
| －坚持 1 周或不到 1 周 | 2% | 12.3% |
| －坚持 2—3 周 | 4.1% | 10.2% |
| －坚持 1 个月 | 8.2% | 26.5% |

　　两组的差异十分明显。总体来看，认为自己有接受或拒绝自由的一组任务完成情况明显好于对照组。前者中口头答应的人数和实际完成的人数更多，填写情况更好，坚持的时间也更长。这种方法的使用最初是为了检验其对利他行为的影响，现在发现它对环保行为也有效。而且，研究人员还发现，这种影响是长效的，因为一个月后，实验组中继续这一行为的人数仍然高于对照组。为什么会有这样的效果呢？一些学者认为，被剥夺自由的人会想方设法重建自由。因此，他们会做一些和他人预期相悖的行为。但是，如果感到自己是自由的，就会产生相反的效果。另一些学者认为，声明对方拥有接受或拒绝的自由会让对方觉得如果拒绝会带来更大的负罪感，为了避免这种感觉，会更乐于答应他人的请求。

**结 论**

虽然导致这种现象的原因不是十分清楚，但是研究显示，当向一个人指出他拥有做或不做某事的权利时，会增加他实施这种行为的可能性，虽然这不是他的自发行为。当你为了孩子总是跟你唱反调而头疼不已时，别忘了，你可以说出这句神奇的咒语。

# 65 一诺千金

你知道吗？做出决定这件事会让我们想尽一切办法来遵守它，这被称为"冻结效应"。如果人们不愿意身体力行地做环保，有什么可以帮助他们？老生常谈？钱？还是一个决定就够了？

帕尔迪尼和凯泽夫（Pardini and Katzev，1983）邀请一些家庭参加一个报纸回收活动。实验分三组进行。"信息组"，实验员将与活动相关的宣传册放在他们的信箱中，上面写着前面两次报纸回收的日期；"较低承诺组"，实验员与参与者面对面发放宣传册之后，会促使参与者做出一个决定："你们家准备好参加这个为期两周的回收活动了吗?";和"较低承诺组"不同的是,"高度承诺组"的参与者要签署一份承诺书,内容如下:"为了保护环境,我承诺我的家庭会参加未来两周的报纸回收活动。"两周后,研究人员会登门拜访所有参与家庭,确定"信息组"家庭是否收到了宣传册,并告诉"承诺组"家庭,他们的承诺,无论是口头的还是书面的,都结束了。同时会给他们一本新的宣传册,上面是之后回收报纸的日期。表 12.2 列举出各组报纸回收的重量(按斤计算)。

表 12.2  不同实验阶段回收报纸的重量

| | 回收报纸的重量(单位为斤) | |
| --- | --- | --- |
| | 介入阶段 | 后续阶段 |
| 信息组 | 70 | 57 |
| 较低承诺组 | 210 | 54 |
| 高度承诺组 | 247 | 166 |

两个"承诺组"都对参加活动做出了承诺,所以他们的参与人数更多,回收的报纸也明显多于"信息组"。承诺的力量似乎一直持续到实验的后续阶段。做出口头承诺的家庭回落到与"信息组"一样的水平,而书面承诺的家庭似乎将承诺内在化,即便过了承诺期也依然遵守着承诺。

承诺理论(Kiesler and Sakamura, 1971;Joule and Beauvois,

1998）指出，虽然我们觉得我们拥有做决定的自由，实际上我们与我们所做的决定之间存在着联系。为什么会这样？如前文所述，社会标准建构了我们的行为和判断，而一致性标准在我们的社会中显得极为突出。为了在别人看来我们的言行一致，我们会对自己做出的决定坚持到底。

##  结 论

只因为别人当面建议，一个没有回收旧报纸习惯的人竟然开始这么做了，这的确让人惊讶。有益于环境的行为被社会所推崇，所以，虽然以前在私下里他没有这么做，面对社会意愿的代表，再继续这样就说不过去了。无论如何，说出去的话，泼出去的水，既然做出了承诺，就要坚持下去。你愿意把你们家的灯泡都换成节能灯吗？什么？愿意？我相信你！

## 66 群体效应

决策的冻结效应这一发现可追溯到第二次世界大战时期，

勒温（Lewin，1947）邀请一些美国家庭改善饮食习惯以减少食品匮乏的影响。在传统方法失败以后，他发现群体的动力有助于解决这一问题。通过在家庭之间建立联系，请他们在大家面前表态，很多人的饮食习惯都得到改善。王和凯泽夫（Wang and Katzev，1990）以此为基础，研究如何鼓励老人回收废纸。

一个养老院的 24 名老人参加了这个实验，实验分为三个阶段。第一个阶段是发放关于如何回收、分类和储存废纸的宣传册。二十多天以后开始第二个阶段：举办一次会议，通知老人们回收点已经建立，老人们借此机会交流了废纸分类回收的方法，研究人员引导他们一起做出决定，为此共同努力。会议接近尾声时，研究人员请他们签署一份承诺书，内容大致如下："我们二楼的住户同意在未来的四周内，采用建议的分类方法来回收我们的纸质垃圾。"基本所有的老人都同意签署了这份承诺书。第三阶段：实验结束之后的后续阶段。实验结束时，所有老人都收到一封信，对他们的参与表示感谢，并告知他们承诺到此结束。但是回收点在接下来的四周仍然会继续运作。实验每个阶段每人回收废纸的重量参见表 12.3。

表 12.3　实验不同阶段废纸回收重量

|  | 每人废纸回收的重量（千克） |
| --- | --- |
| 第一阶段：派发宣传册 | 3.31 |
| 第二阶段：书面承诺 | 4.85 |
| 第三阶段：承诺结束后 | 7.76 |

不出所料，集体承诺和个体承诺一样有效。出乎意料的是，实验第三阶段，纸的回收量有增无减，而此时养老院的老人们已经没有了承诺的束缚。一些学者认为，这是因为最初反抗的那些人最后也加入进来。看到大部分邻居和住户都参与了，他们最终也愿意加入进来。

通过这个实验我们看到，如果说自由感在冻结效应中起决定作用，其他因素，如决定的公开性和明确性使这种作用的效果增强了。除此之外，我们注意到，群体有其自身的影响力。群体中的大部分人制定的行动方针，群体中的成员，只要他们想作为群体中的一员继续存在，就只能遵守它。

 结　论

如果想让人们接受新的行为方式，让那些起初反对的人也加入进来，群体的动力是一种有效手段。事实上，团队凝聚力越强，效果越好。不幸的是，这种效果可能是正面的，也可能是负面的。

## 67 没有兑现的奖励

　　前文中我们说过，对人们的某种环保行为进行奖励，不但效果短暂，而且人们不会举一反三，实施其他与之类似的环保行为。这种方法的局限性在于人们所做的努力就是为了得到奖励。派莱克、库克和沙利文（Pallack，Cook and Sullivan，1980）找到了可以弥补的方法，他们称之为"行为启动法"（Cialdini et al.，1978）。其灵感来自上门推销方式，原理是通过奖励的方式触发某种行为，然后再取消奖励。奖励启动了某种行为，但行为的目的不是奖励。

　　派莱克等（Pallack et al.，1980）的实验开始于 1973 年冬初，其目的是鼓励参与者节约使用天然气。通过上门动员的方式，212名爱荷华市的居民参加了实验，共被分成三组。对照组的数据采集主要是为了建立一个参考标准，实验人员和天然气供应商达成协议，会在实验期间采集几次对照组家庭的天然气使用数据；第二组是"宣传组",一名实验人员登门拜访,向他们介绍节约天然气的方法,建议他们在一个月的实验期间尽可能使用这些方法;第三组是"启动组",实验人员依然登门拜访,介绍节约天然气的妙招,此外,他还告诉参与者,为了奖励他们积极参加这项研究,会在一份地方报纸上刊登他们的名字。一个月后,研究人员进行了第一次数据采集,并取消先前承诺的奖励。第三组家庭会收到一封信,告知他们不能在报纸上刊登他们的名字了,并简单解释了原因。冬末时,研究人员采集了第二次数据。天然气节约情况以百分比的形式呈现于表 12.4 中。

**表 12.4  相较对照组,其他两组家庭天然气节约百分比**

|  | "宣传组" | "启动组" |
|---|---|---|
| 一个月后 | 0% | 12.5% |
| 冬末 | 0% | 15.5% |

第一次数据采集时,"启动组"已经节约了非常多的天然气,而"宣传组"家庭没有丝毫动作。冬末,在已经收到邮件并得知奖励取消之后,"启动组"家庭节约用量依然达到 15.5%,而"宣传组"却仍然按兵不动。

和我们之前看到的有关奖励的研究结果相反,取消奖励起到了持续的效果。

为了验证这个结果，派莱克等（Pallack et al., 1980）在夏季又进行了一次实验，这次换成了节约用电。参与家庭仍然分成三组，"启动组"家庭仍然会在实验开始一个月后收到邮件，通知他们不能刊登其名字了。实验结果见表 12.5。

**表 12.5　相较对照组，其他两组家庭节约用电百分比**

|  | "宣传组" | "启动组" |
| --- | --- | --- |
| 一个月后 | 0% | 27.8% |
| 夏末 | 0% | 41.6% |

实验开始后的第一个月，"启动组"家庭节约用电量已经接近 28%，而且这个数字直到夏末一直持续增长，而"宣传组"仍然看不到任何变化。

"行为启动法"的效果似乎是持续的。用来启动行为的奖励虽然被取消，但带来了持久的改变。在恰尔蒂尼（cialdini, 2004）看来，上述实验中，"启动组"家庭最初行为的启动是因为"在报纸上公开他们姓名"这一奖励，但这不会是唯一原因，他们可能觉得这样做是为了保护环境，也许是出于荣誉感，或者是为了节约财政支出，但是奖励最终化为泡影，要想继续努力，就要找到新的理由。恰尔蒂尼认为，奖励的取消反而强化了其他理由，使得参与者重新认识自己的行为。节约不是为了奖励，是为了他们自己，所以，他们为节约所做的努力不降反增。

## 🌸 结 论

虽然"行为启动法"从道德层面看不太合适，但的确有效。它教会我们，设置奖励的目的只是为了"激发"某种行为，而不是为了让行为持续发生。无论取消与否，奖励不能构成行为发生的全部理由。行动的理由应该在自身寻找，而不是其所在的环境，只有这样，才能将改变内化到行为人本身。

## 68 当坚持遇到自由

前面我们看到，向别人提出请求时，告知别人拥有接受或拒绝的自由反而增加了对方接受的可能性。一些学者试图将这种方法和另一种心理学家常用的所谓"登门槛法"相结合，看其是否能起到更好的效果。"登门槛法"是由弗雷德曼和弗雷泽

204

(Freedman and Frazer，1966）发现的，指的是先让别人做一点不费力气的小事，然后再说出真正的请求。

杜芙尔克—布莱娜、帕斯夸尔和盖冈（Dufourc-Brana，Pascual and Guéguen，2006）上门请求住户参加他们的研究，请住户在研究人员给他们提供的笔记本上列出他们家所有的分类垃圾的数量，这个数据要每天保持更新，持续一个月。对于对照组家庭，研究人员直接提出请求。对于"登门槛组"家庭，研究人员事先让他们回答了一个关于垃圾分类的问卷，共有十几个问题，主要询问参与者对垃圾分类的态度，以及储存和运输分类垃圾过程中遇到的困难。几天或几个星期后，作为研究的后续工作，研究人员再一次登门拜访，希望参与家庭能配合完成笔记本的填写工作。第三种情况是"登门槛"和"自由论"组合法，其操作方式与"登门槛组"基本相同，唯一的区别就是，在参与者回答问卷前，告知对方："你们有接受或拒绝参加这项研究的自由。"最后结果如表 12.6 所示。

表 12.6　三组家庭接受请求的比率

|  | 同意参与研究的家庭的比率 |
|---|---|
| 对照组 | 42% |
| "登门槛组" | 63% |
| "登门槛＋自由论组" | 80.9% |

"登门槛法"在环境领域的应用的确有效，如果再加上"自由论"法，人们接受参与实验的比率接近对照组的两倍。

研究人员针对"自由"的效果又进行了其他分析。通常，前后两个请求（回答问卷和填写垃圾分类笔记本）的间隔从几秒钟到 15 天左右不等，但"自由论"是否可以延长这个时间间隔呢？于是，在填写完问卷之后，研究人员把提出第二次请求的时间做了调整：有些家庭是 10—15 天，有些家庭是 15—30 天，而另一些则是 30—45 天。结果如图 12.1 所示。

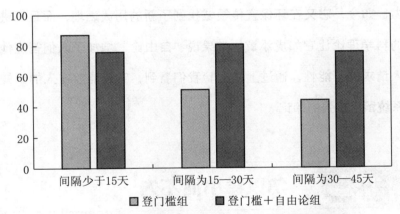

图 12.1　两次请求之间的时间间隔不同时，两组接受率的对比

随着时间间隔拉长而呈现出的递减趋势被"自由论"有效地弥补了。虽然是在一个月前回答的问卷，登门槛的作用却一直存

在，没有消减。

在一些学者（Joule and Beauvois，1998）看来，"登门槛法"的原理和签署承诺书的方法并无二致。人们虽然没有对第一个行为做出承诺，但是却实施了这个代价较小的行为，所以他会继续投入第二次努力。

## 🌸 结 论

"登门槛法"被发现至今已有 40 年历史，但它一直发挥着效力，如今，它又在环保宣传领域找到了新的用武之地，而且先进的科学理论让它如虎添翼。如果说"自由论"增加了人们答应他人请求的可能性，通过上述实验我们看到，它还能够在人的认知系统留下很强的印记。

# 69 勿以善小而不为

熟能生巧，当人们处处为环境着想，就会变成环保主义者。这是最初研究"登门槛法"的学者提出的观点。与承诺理论有相似之处，一些学者，如贝姆（Bem，1972）认为，"登门槛法"的作用来源于人们试图改善自我形象的心理。在完成第一个代价较小的行为以后，人们自认为自己就是做这样事情的人。于是，他就更有可能完成同类型但代价更大的行为。基于这一观点，高曼等（Goldman et al.，1982）提出，可以通过人为增加与预期行为相关的正面性格特点的方式来加强"登门槛法"的效力。在环境领域，梅那里和盖冈（Meineri and Guéguen，待发表）通过下面的实验验证这种组合的效果。

当一个人在你的眼皮底下随地乱扔易拉罐空瓶，你会作何反应？梅那里和盖冈针对马路上的行人做了如下实验。他们一共比较了三种情况。情况一：传统的"登门槛法"，实验人员以某环保协会志愿者的身份请一名行人回答一份简单的问卷，在对方回答完之后向其表示感谢。行人继续赶路，然后，他就遇到了那名乱丢易拉罐的"托儿"；情况二："登门槛 + 贴标签"，行人同样被请求回答一份问卷，回答完毕时，实验人员对他说："您真的太爱护环境了！"借此给他"贴上"了爱护环境的标签。最后是对照情况，行人既没有回答问卷，也没有被贴以任何形式的标签。行人做出反应（怒目而视、斥责、捡起易拉罐等）的百分比见

表 12.7。

**表 12.7　面对"托儿"不爱护环境的行为，三种情况中
行人做出反应的百分比**

|  | 行人反应 |
|---|---|
| 对照情况 | 53.3% |
| 传统的"登门槛" | 73.3% |
| "登门槛＋贴标签" | 86.6% |

　　相较没有回答问卷的行人，在遇到不文明行为前几分钟刚刚
做完问卷的行人中，对此做出反应的人更多。当他们被贴上了
"爱护环境"的标签后，做出反应的比率继续上升。

　　通过完成某个行为而被给予正面评价有助于个体构造自己的
新形象，"登门槛法"的效力由此得到了提升。

 **结　论**

　　当通过完成某个行为而被给予了爱护环境的评价之后，人们
很难会对破坏环境的行为而无动于衷。这样看来，"贴标签"的方
法的确有用，但是你有没有发现，通常我们被贴上"标签"是为
了惩罚而不是表扬。所以"贴标签法"也是一把双刃剑！

# 70 to be or not to be

你相信占星术吗？你想知道自己名字的含义吗？你算过命吗？研究发现，我们对他人掌握的关于我们的信息极为敏感，以至于会按照这些信息去做。所以，与其说服人们爱护环境，不如告诉人们，他们是环保主义者，他们就会这样去做。这就是米勒、布里克曼和博伦（Miller，Brickman and Bolen，1975）在一所小学做的实验所得出的结论。

实验在芝加哥的一所小学进行，目的是鼓励孩子们不要随地乱丢垃圾。实验为期一周，共比较三种情况。第一种情况被称作"劝说"，孩子们会被灌输各种不同的保护环境的信息。比如，老师利用出游的机会告诉学生们，乱扔垃圾会污染环境；在食堂吃饭时，他会指出掉在餐桌上的食物残渣，告诉他们这样会危害健康，因为食物残渣会引来昆虫；课堂上，老师会带领孩子们一起阅读关于环保的文章，让孩子们讨论如何改善环境；一幅广告画被贴在教室里，上面写着："保持整洁，不要乱扔垃圾！"就这样持续了8天。第二种情况被称作"赋予"，老师不会给孩子灌输任

何信息，也不会试图说服孩子采取某种行为，而是"赋予"他们
这种行为。第一天，老师把孩子们召集到一起，让他们试着从环
保的角度思考问题，不要在教室乱扔垃圾。接下来的一周，老师
和学校里的其他人（维修工、主任、其他老师）来到教室时，都
会表扬孩子们的环保意识和教室的整洁，他们会对孩子们说：这
是全校最干净的教室。在这个班级中也会贴上一张广告画，但上面
写的是："关于垃圾这件事，还有人比我们更自觉吗？"第三种情况
被作为对照组，教学活动一切照旧，老师和学校其他人员不会跟学生
交流任何有关环境或者环境污染的问题。为了衡量各种方法的效果，
老师会分几次发给孩子们玻璃纸包装的糖果：实验周开始前一天的早
晨、实验周结束后的第一个早晨、实验结束三个月后。相较扔在地上
的糖纸，各组学生扔在垃圾箱的糖纸的百分比参见下表 12.8。

表 12.8　被扔在垃圾箱的糖纸的百分比

|  | 实验周开始前一天 | 实验周结束后第一天 | 三个月后 [①] |
|---|---|---|---|
| 对照组 | 20% | 24% | 31% |
| "劝说组" | 16% | 46% | 30% |
| "赋予组" | 15% | 82% | 84% |

---

① 原书表格中为"两周后"，与正文不符。——译者注

　　结果和研究人员提出的假设完全吻合，被赋予"整洁"特质的孩子们的行为发生了很大的变化。相较给孩子们灌输各种信息来说服他们，赋予他们特质的方法不但效果更好，持续时间也更长。而且我们发现，对照组的孩子们也有了小幅进步，这可能是因为孩子们在课间的讨论和游戏所带来的影响。而且"赋予组"的孩子们一定会为他们的班级感到自豪，这种自豪感无形中也会影响其他班级的同学。

　　当别人告诉我们，我们拥有某种特质、某项能力或者某种敏感性时，无论真假，我们都会顺从它；无论是看待自己的方式还是行为模式都会向其靠拢。让人惊讶的是，无论是否有足够的理由，他人给我们贴上的标签都有效力。在这个实验中，"赋予组"的孩子们最初并不是真的比其他孩子更注意整洁，但是他们完全相信了老师的话，最后真的变成了最爱干净的孩子。

## ❀ 结 论

　　恭维的作用与此相似。虽然这个实验的对象是孩子，但一样可以应用于成人。人对自我的探索永无止境。虽然年纪更大，但我们仍然乐于接受那些能够提升自我的性格特质。想在环保方面提升自己吗？机会就在你眼前。

# 71 言必信，行必果

总是保持言行一致并不是一件易事。豪言壮语随着话题的转换会被抛诸脑后。如果当面揭穿他人言行不一会发生什么呢？研究人员试图找出导致人们言行不一的原因，并且帮助人们调整自己的言行，将言和行之间的距离缩小。这种方法被称作"虚伪诱发"。

迪克森等（Dickerson et al., 1992）的实验是在一所大学的游泳池进行的。一名女性研究员拦住了刚刚游完泳准备去冲澡的女大学生们，告诉她们自己在做一项关于浪费水资源的研究。在第一组"签名组"中，女研究员问学生们是否同意节约用水，并请她们在一个宣传折页上签名，折页上列举了节约用水的原因；第二组是"过往行为组"，女研究员会就她们浪费水的行为提一些问题，如"淋浴时，如果要用沐浴液或者洗头发，你会暂时把水关掉吗？""你会尽量缩短淋浴时间吗？"。不出所料，女大学生们并不是非常注意节约用水；第三组是"虚伪诱发"组，学生们既要在宣传折页上签名，又要回答和第二组同样的问题。目的是为了突出他们言和行之间的差距。最后一组是对照组，学生们只需回答她们在多大程度上同意节约用水。之后，女研究员对她们表示感谢，女生们走进了浴室。此时，另一名女研究员已经等候在浴室，她的任务是计时，统计每位女生实际的淋浴时间。最后结果参见表 12.9。

表 12.9　四组女生的平均淋浴时间

|  | 淋浴时间（秒） |
| --- | --- |
| 对照组 | 301.8 |
| 签名组 | 247.7 |
| 过往行为组 | 248.3 |
| 虚伪诱发组 | 220.5 |

那些在宣传折页上签了名、同时又回想起自己先前费水行为的学生大大缩短了淋浴时间。实际上，她们完成了在回答问卷时称自己没有做到的那些行为，不但缩短淋浴时间，淋浴时还会几次暂时把水关掉。她们调整了自己的"行"，使之与自己的"言"靠近。

认知失调理论（Festinger，1957）指出，人一直试图保持认知和行为之间的平衡。这是因为人们害怕想法、信念等和行为不一致，害怕心理不适（罪恶感，伤害自尊）。一旦认知和行为失衡，人就会进行调整：让自己的行为尽量与言论靠近，或者调整自己的言论，或干脆忘记自己的言和行，甚至否定责任。虚伪诱发起作用的原因是它导致了不适感，同时提出了减少不适的解决方法（上文的实验中给出了行为建议）。人们会采用这种方法而放弃其他方法。

 **结 论**

人一旦要公开面对自己言行不一致的事实，就会想办法去缩小或调整言行之间的差距。虚伪诱发的方法被证明非常有效，它能让人们去完成一些代价较大的行为。但是要小心物极必反！

# 72 "撕掉"虚伪

随着社会心理学的发展，各种心理干预方式层出不穷。在特定环境中，人的心理过程不同，我们会发现某些干预方式会比其他方式更有效。一个研究团队（Lopez，Lassare and Rateau，2011）

在法国南部城市的一个社区展开研究，试图找出哪种策略最能影响公共泳池的工作人员，实现能源节约。这次研究行为比较的两种方法分别是"虚伪诱发"和"承诺逐步升级"。

研究人员设置了三种实验条件，分别在三个公共泳池进行，研究涉及泳池所有工作人员和维护人员。在第一次会议中，一名女研究员自我介绍称自己是一名人类学和环境学专业的大学生，在做一项关于节约能源的研究工作。

在"承诺条件"中，参与者的任务由易到难。首先，研究人员通过问卷的方式了解了工作人员对于节约能源的看法，找出在他们的工作地点实现能源节约的各种可能。接下来，他们签署了一份参与书，其目的是让参与者知晓，以温和且不强制的方法实现能源节约是可能的。最后是一场头脑风暴，请参与者举出哪些行为有助于能源节约。一周后召开第二次会议，首先请大家回忆上次会议提出的节约能源的做法，请大家根据自己的工作职责选择出适合自己的做法，并且选择自己愿意实践这一做法的时间。最后，他们要填写一张记名的决心书，行动开始！

在"虚伪条件"中，研究人员的目的是为了让参与者知晓他们以往言行之间的差距。第一步是头脑风暴，研究人员让参与者列出所有能够想出的节约能源的理由。接下来是角色扮演，参与者使用刚才列举的原因作为论据，说服扮演悲观主义者的女研究员。第三步是回忆，每个人回忆自己之前的浪费行为。最后，所有参与者也要填写一份记名的决心书，指出他们愿意实践的行为和期限。

第三种条件是对照条件。参与者只需要在会后表明自己愿意且能够完成的节约行为即可。

研究人员会连续跟踪四周。女研究员每周都会和各组的参与者进行一对一的交流，告知大家努力已见成效，鼓励他们继续加油，争取超过承诺的期限。研究人员统计了参与者的行动意愿（决心书的填写）和一年中三个泳池的能源消费情况，最后的结果如表 12.10 所示。

表 12.10　付出努力的意愿和一年中能源消费变化

|  | 行动意愿（满分为 3） | 一年中能源消费变化 |
| --- | --- | --- |
| 对照条件 | 2 | +1.41% |
| 虚伪条件 | 3 | +8.16% |
| 承诺条件 | 3 | −4.94% |

两种影响策略都是有效的，因为后两种条件中的参与者愿意采取的行动数量均高于对照条件。但是从实际的行为和能源的节

约量来看，两种方法取得的成效有很大差距。"承诺条件"节约了近5%的能源，而"虚伪条件"竟然不降反增，而且增幅竟然超过了对照组。研究人员认为，研究的背景、员工之间的关系和他们所处的社会阶层导致了这种事与愿违的结果。

与"虚伪法"相比，"承诺法"对行为的影响更加持久。研究人员认为研究的组织背景和泳池员工的社会关系是导致这一现象的原因。其实"虚伪法"的运作方式就能解释这一结果。前文中我们看到，当人们的思想和过往行为之间出现失衡时，人们就会想办法进行调整。而承诺会实践节约能源的行为就能够重建这种平衡（不用真的实践这些行为），忘记这些承诺就产生了这种结果。

## ❀ 结 论

我们看到，同样的方法在不同的环境下产生的效果也不同，时而更好，时而更糟。人们一旦遇到认知失调的情况，就会寻找有效途径解决自己不适的心理状况。因此，在做出选择之前，应该对环境做出准确的调研，并且找出可能损害方法有效性的各种不利因素。

# 73　行为的意义

　　社会心理学的很多方法是通过摆事实、讲道理来改变人的想法，继而改变其行为的。鉴于这些方法的种种局限性，一些学者提出加入自由约定服从程序，如登门槛技巧。"承诺交流"指的是在人们接触劝说信息之前，先让其完成一个代价较小的相关行为。我们（Meineri and Guéguen，待发表）感兴趣的是这第一个行为的意义。前文中我们曾描述过一个能源节约项目：上门指导能源消费，先期完成的这个行为对其会产生多大影响？

　　一些家庭受邀参加了这个能源节约项目，一名技术人员会登门拜访，给出一些技术上和消费行为方面的建议。参与项目其实隐含了同意遵循这些建议。在"说服交流条件"中，参与家庭会收到一本邮寄来的宣传册，上面介绍了节约能源的经济和环境原因。在"承诺交流条件"中，收到宣传册之前，参与家庭先通过电话回答了一份问卷，大约十几个问题，询问他们关于环境现状的看法。每个家庭回答的问卷都是相同的，但是它的意义在这些家庭看来却是不同的。有些家庭认为是为了让他们"表达对环境的看法"，有些则认为是"为了对环境保护贡献一份力量"，还有人觉得是"为了投身环境保护活动"。在收到宣传册几天后，研究人员会联系所有家庭，询问他们是否愿意参与这个项目。乐意接受程度由 1 至 5，结果如表 12.11 所示。

**表 12.11　两组家庭愿意参与项目的程度得分**

| | 参与意愿得分 |
| --- | --- |
| **说服交流条件** | 2.08 |
| **承诺交流条件** | 2.62 |
| 根据家庭如何诠释自己的参与行为来分类 | |
| "表达对环境的看法" | 2.12 |
| "为环保贡献一份力量" | 2.73 |
| "投身环境保护活动" | 3.11 |

　　先期要完成一个较小代价行为的承诺式交流比建立在"摆事实，讲道理"基础上的传统交流方式更有效。但是，不同人看待同一行为的不同方式对后续行动的影响可以说是决定性的，虽然这只是一个代价很小的行为。认为只是"表达看法"的人，不会在先期行为和后续行为之间缔结联系。同意"为环保贡献一份力量"或者"投身环保活动"的人，觉得对环境问题更加关切，也就会同意完成那些与之意义相符的行为，如"参与此项目"。

行动识别理论（Wegner and Vallacher，1985）提出，人们赋予其自身实现的行为的意义因人而异，因环境而异。如果给先前微不足道的行为赋予较大意义，就是朝着既定方向迈出坚实的一步，后续行为的完成就变得更加容易。

 结 论

懂得道理，不一定付诸行动。但行动后，一定会追问这样做的原因。为行为赋予较强意义可以帮助人们实现行为的内在化，将其作为行动参考。你想拯救我们的星球吗？那你还等什么？赶快把你的空调调高两度吧！

# 74　学科交叉

每个人对这个世界、对处于其中的物理客体和社会客体的想象都不尽相同。其中相似的地方能够让我们在与人交谈的过程中有共同的客体参照。这些感知、信仰、想法，主观性的相同或不同之处就构成了社会表征理论（Moscovici，1961）的研究内容。

阿布里克（Abric，1987）认为，一种社会表征要想成为中央核心，须具备普遍和持久的因素，且被大多数人所接受。而围绕其运转的外围因素更加特殊，只被有限的社会团体所接受。以此为基础，一些学者（Zbinden et al.，2011）希望知道，在介绍核心因素和外围因素时，"承诺沟通"和"说服沟通"，哪种方法更有效。

实验发生在一次大学生体育比赛过程中，目的是鼓励所有参与者利用 15 分钟的中场休息时间向观众们宣传垃圾分类。研究人员进行的先期研究显示，关于"保护环境的社会表征"的核心要素是："为了子孙后代"，实施"环保活动"以保护"自然资源"；外围因素包括：实施活动控制"污染"，为了"维持生活质量"必须有所行动，"保护水资源"。

在对照条件中，参与者先要回答一份问卷，询问他们是否愿意向在场观众宣传垃圾分类；在"说服沟通条件"中，提出正式请求之前，研究人员请参与者阅读一份环境公约，其中包含核心因素或外围因素；在"承诺沟通条件"中，操作过程与先前相似，但是参与者在读完环境公约之后签名。最后结果如表 12.12 所示。

表 12.12　接受向观众宣传垃圾分类的比率

|  | 接受向观众宣传垃圾分类的比率 |
| --- | --- |
| 对照条件 | 12.5% |
| 说服沟通条件 | 17.5% |
| 核心因素 | 20% |
| 外围因素 | 15% |
| 承诺沟通条件 | 32.5% |
| 核心因素 | 35% |
| 外围因素 | 30% |

　　承诺沟通比简单要求和说服沟通更加有效。但是阅读信息的内容对结果也有影响。参与者阅读或阅读并签名的那份环境公约中，强调环境保护社会表征中的核心因素比强调其外围因素取得的效果更好。

　　综合使用社会表征和沟通方式的做法还比较新，对其效果的解释仍有待商榷。但可以推断的是，被大多数人所接受的社会表征的核心元素比外围因素更具有相关性。所以，支持它的人也更多。

 结　论

　　对"影响"的研究仍在继续，一直相互独立的学科理论开始交叉，为研发新方法开辟了道路，并且使现有方法的效果得以加强。从这些新数据来看，有关环保的宣传和动员活动在未来一定会得到进一步改善。

## 75 以小"博"大

相较于简单的说教，我们这一章中介绍的"承诺沟通"方式和其他影响方式取得的效果更好。但是，这些方法经常因为其在时间和人力上过多的投入而备受诟病。为了解决这个问题，一些学者（Blanchard and Joule，2006；Girandola，Bernard and Joule，2010）试图"为承诺沟通法瘦身"：让目标人群所处的环境（而不是实验人员）引导他们完成预期行为。这行得通吗？

他们的研究地点选择在法国南部的一个高速公路服务区，目的是希望旅客们可以更严格地执行垃圾分类。为了实验需要，休息区被重新规划，取消了传统的垃圾点，旅客能够扔垃圾的地方减少了，留下来的垃圾点有 1 个普通垃圾箱和 3 个分类垃圾箱。重新规划的目的是为了让旅客自发完成第一个代价较小的准备行为：要走一段路才能扔掉垃圾。一旦第一个行为完成，剩下他们要做的事就是：要么把垃圾扔在普通垃圾箱；要么将垃圾分类，分别放进对应的垃圾箱。为了让他们选择后者，除了完成准备行为，研究人员通过宣传标语为他们的行动赋予了意义，每个分类垃圾箱上都贴有这样的宣传语："我坚持垃圾分类！为了我的地球，为了我的孩子们，为了我孩子们的孩子们……"研究人员最后统计了重新规划前后分类垃圾的平均重量，结果见表 12.13。

表 12.13　高速公路服务区重新规划前后分类垃圾的重量（单位：千克）

| | 重新规划前 | 重新规划后 |
|---|---|---|
| 分类垃圾的重量 | 1020 | 3440 |

没有任何对话者出现，"承诺沟通"技巧依然有效。经过设计之后的环境引导目标群体自动完成代价较小的准备行为，并给他们的行为赋予意义。研究人员通过垃圾分类中心统计了垃圾分类的完成质量，结果发现，错误率从 14% 上升到 26%，但鉴于重量的明显增长，这个比率还是能够接受的。

在各种科学文献中，学者们越来越推崇投入较小的鼓励措施，它们的有效性并没有因此而打折扣。例如通过信件或访问约定网站的方式来操作"登门槛法"，其有效性已经得到证实。

结 论

不需要任何操作者介入的影响方式日趋发展，这对于科研人员来说是一个不小的挑战。未来，它们可能会替代大众传播，虽然代价相同，但从初步的研究结果看来，它们更加有效。环保的宣传者们应该找到最合适的宣传武器。

# 参考文献

## 1. 林中漫步

HUG S.M., HARTIG T., HANSMANN R., SEELAND K. et HORNUNG R. (2009). «Restorative qualities of indoor and outdoor exercise environments as predictors of exercise frequency», *Health & Place*, *15*, 971—980.

PARK B.J., TSUNETSUGU Y., KASETANI T., HIRANO H., KAGAWA T., SATO M. et MIYAZAKI Y. (2007). «Physiological effects of Shinrin-yoku (taking in the atmosphere of the forest)-using salivary cortisol and cerebral activity as indicators», *Journal of Physiological Anthropology*, *26*, 123—128.

PARK B.J., TSUNETSUGU Y., KASETANI T., MORIKAWA T., KAGAWA T. et MIYAZAKI Y. (2009). «Physiological effects of forest recreation in a young conifer forest in Hinokage Town, Japan», *Silva Fennica*, *43*, 291—301.

## 2. 森林抵抗力

LI Q., KOBAYASHI M., INAGAKI H., HIRATA Y., HIRATA K., LI Y.J., SHIMIZU T., SUZUKI H., WAKAYAMA Y., KATSUMATA M., KAWADA T., OHIRA T., MATSUI N. et KAGAWA T. (2010). «A day trip to a forest park increases human natural killer activity and the expression of anti-cancer proteins in male subjects», *Journal of Biological Regulators and Homeostatic Agents*, *24*, 157—165.

LI Q., MORIMOTO K., KOBAYASHI M., INAGAKI H., KATSUMATA M. et HIRATA Y. (2008a). «A forest bathing trip increases human natural killer activity and expression of anti-cancer proteins in female subjects», *Journal of Biological Regulators and Homeostatic Agents*, *22*, 45—55.

LI Q., MORIMOTO K., KOBAYASHI M., INAGAKI H., KATSUMATA M. et HIRATA Y. (2008b). «Visiting a forest, but not a city, increases human natural killer activity and expression of anti-cancer proteins», *International Journal of Immunopathology and Pharmacology*, *21*, 117—128.

LI Q., MORIMOTO K., NAKADAI A., INAGAKI H., KATSUMATA M. et SHIMIZU T. (2007). «Forest bathing enhances human natural killer activity and expression of anti-cancer proteins», *International Journal of Immunopathology and Pharmacology*, *20*, 3—8.

## 3. 乡村医院

ULRICH R.S. (1984). «View through a window may influence recovery from surgery», *Science*, *224*, 420—421.

WHITEHOUSE S., VARNI J.W., SEID M., COOPER-MARCUS C., ENSBERG M.J., JACOBS J.J. et MEHLENBECK R.S. (2001). «Evaluating a children's hospital garden environment: Utilization and consumer satisfaction», *Journal of Environmental Psychology*, *21*, 301—314.

## 4. 医疗机构中的植物

PARK S.H. et MATTSON R.H. (2008). «Effects of flowering and foliage plants in hospital rooms on patients recovering from abdominal surgery», *HortTechnology*, *18*, 563—568.

PARK S.H. et YOUNG (2009). «Therapeutic influence of plants in hospital rooms on surgical recovery», *HortScience*, *44*, 102—105.

RAANAS R.K., PATIL G.G. et HARTIG T. (2010). «Effects of an indoor foliage plant intervention on patient well-being during a residential rehabilitation program», *HortScience*, *45*, 387—392.

## 5. 植物带来健康

FJELD T. (2000). «The effects of interior planting on health and discomfort among workers and school children», *HortTechnology*, *10*, 46—52.

## 6. 绿色耐受力

LOHR V.I. et PEARSON-MIMS C.H. (2000). «Physical discomfort may be reduced in the presence of interior plants», *HortTechnology*, *10*, 53—58.

PARK S.H., MATTSON R.H. et KIM E. (2004). «Pain tolerance effects of ornamental plants in a simulated hospital patient room», *Acta Horticulturae*, *639*, 241—247.

## 7. 减轻囚禁之苦

MOORE E.O. (1981). «A prison environment's effect on health care service demands», *Journal of Environmental Systems*, *11*, 17—34.

WEST M.J. (1986). «Landscape views and stress responses in the prison environment», thèse de master non publiée, Seattle, University of Washington.

## 8. 绿色让我更苗条

BELL J.F., WILSON J.S. et LIU G.C. (2008). «Neighborhood greenness and 2-year changes in body mass index of children and youth», *American Journal of Preventive*

*Medicine, 35,* 547—553.

## 9. 绿色与健康

MAAS J., VERHEIJ R.A., VRIES S., SPREEUWENBERG P., SCHELLEVIS F.G. et GROENEWEGEN P.P. (2009). «Morbidity is related to a green living environment», *Journal of Epidemiology and Community Health, 9,* 967—973.

## 10. 抗压植物

LOHR V.I., PEARSON-MIMS C.H. et GOODWIN G.K. (1996). «Interior plants may improve worker productivity and reduce stress in a windowless environment», *Journal of Environmental Horticulture, 14,* 97—100.

PARK S.H. et MATTSON R.H. (2008). «Effects of flowering and foliage plants in hospital rooms on patients recovering from abdominal surgery», *HortTechnology, 18,* 563—568.

## 11. 镇痛之声

DIETTE G.B., LECHTZIN N., HAPONIK E., DEVROTES A. et RUBIN H.R. (2003). «Distraction therapy with nature sights and sounds reduces pain during flexible bronchoscopy: A complementary approach to routine analgesia», *Chest, 123,* 941—948.

## 12. 更好的体育活动

LEMAITRE R. et SISCOVICK D. (1999). «Leisure-time physical activity and the risk of primary cardiac arrest», *Archives of Internal Medicine, 150,* 686—690.

PARK S., SHOEMAKER C.A. et HAUB M.D. (2008). «Can older gardeners meet the physical activity recommendation through gardening?», *HortTechnology, 18,* 639—643.

PARK S., SHOEMAKER C.A. et HAUB M.D. (2009). «Physical and psychological health conditions of older adults classified as gardeners or nongardeners», *HortTechnology, 44,* 206—210.

REYNOLDS V. (1999). «The green gym: An evaluation of a pilot project in Sonning Common, Oxfordshire», Report n° 8, Oxford, UK, Oxford Brookes Univ.

REYNOLDS V. (2002). «Well-being comes naturally: An evaluation of the BTCV green gym at Portslade», East Sussex, Report n° 17, Oxford, UK, Oxford Brookes Univ.

## 13. 种植知识

KLEMMER C.D., WALICZEK T.M. et ZAJICEK J.M. (2005). «Growing minds:

The effect of a school gardening program on the science achievement of elementary students», *HortTechnology*, *15*, 448—452.

SMITH L.L. et MOTSENBOCKER C.E. (2005). «Impact of hands-on science through school gardening in Louisiana public elementary schools», *HortTechnology*, *15*, 439—443.

WALICZEK T.M., BRADLEY J.C., LINE-BERGER R.D. et ZAJICEK J.M. (2000). «Using a web-based survey to research the benefits of children gardening», *HortTechnology*, *10*, 71—76.

## 14. 更均衡的营养，更健康的环保意识

LAUTENSCHLAGER L. et SMITH C. (2007). «Understanding gardening and dietary habits among youth garden program participants using the Theory of Planned Behavior», *Appetite*, *49*, 122—130.

LINEBERGER S.E. et ZAJICEK J.M. (1999). «School gardens: Can a hands-on teaching tool affect students' attitudes and behaviors regarding fruits and vegetables?», *HortTechnology*, *10*, 593—597.

LOHR V.I. et PEARSON-MIMS C.H. (2005). «Children's active and passive interactions with plants and gardening influence their attitudes and actions towards trees and the environment as adults», *HortTechnology*, *15*, 472—476.

MCALEESE J.D. et RANKIN L.L. (2007). «Garden-based nutrition education affects fruit and vegetable consumption in sixth-grade adolescents», *Journal of the American Dietetic Association*, *107 (4)*, 662—665.

MORRIS J.L. et ZIDENBERG-CHERR S. (2002). «Garden-enhanced nutrition curriculum improves fourth-grade school children's knowledge of nutrition and preferences for some vegetables», *Journal of the American Dietetic Association*, *102*, 91—93.

## 15. 园艺疗法

FABRIGOULE C., LETENNEUR L., DARTIGUES J., ZARROUK M., COMMENGES D. et BARBERGER-GATEAU P. (1995). «Social and leisure activities and risk of dementia: A prospective longitudinal study», *Journal of the American Geriatrics Society*, *43*, 485—490.

JARROTT S., KWACK H. et RELF D. (2002). «An observational assessment of a dementia-specific horticultural therapy program», *HortTechnology*, *12 (3)*, 4003—4410.

MOONEY P. et NICELL P.L. (1992). «The importance of exterior environment for Alzheimer's residents: Effective care and risk management», *Health Care Management Forum*, *5 (2)*, 23—29.

## 16. 借花献"罪犯"

FLAGLER J. (1995). «The role of horticulture in training correctional youth», *HortTechnology*, 185—187.

RICE J.S. et STONE (1998). «Impact of horticultural therapy among urban jail inmates», *Journal of Offender Rehabilitation, 26,* 169—191.

RICHARDS H. et KAFAMI D. (1999). «Impact of horticultural therapy on vulnerability and resistance to substance abuse among incarcerated offenders», *Journal of Offender Rehabilitation, 29,* 183—193.

WEST M.J. (1986). «Landscape views and stress responses in the prison environment», thèse de master non publiée, Seattle, University of Washington.

## 17. 花之语

GUÉGUEN N. (soumis). «"Say it with flowers..." to female drivers: Hitchhikers holding a bunch of flowers and drivers' behavior».

HAVILAND-JONES J., ROSARIO H.H., WILSON P. et MCGUIRE T.R. (2005). «An environmental approach to positive emotion: Flowers», *Journal of Evolutionary Psychology, 3,* 104—132.

## 18. 鲜花与爱情

GUÉGUEN N. (2011). «"Say it with flowers": The effect of flowers on mating attractiveness and behavior», *Social Influence, 6,* 105—112.

GUÉGUEN N. (soumis). «"Say it...near the flower shop": Further evidence of the effect of flowers on mating».

## 19. 亲爱的邻居，您的草坪真美！

COLEY R.L., KUO F.E. et SULLIVAN W.C. (1997). «Where does community grow? The social context created by nature in urban public housing», *Environment and Behavior, 29,* 468—494.

GUÉGUEN N. et MEINERI S. (soumis). «Immersion in nature and helping behavior: Results from field experiments».

KWEON B.S., SULLIVAN W.C. et WILEY A. (1998). «Green common spaces and the social integration of inner-city older adults», *Environment and Behavior, 30,* 823—858.

WEINSTEIN N., PRZYBYLSKI A.K. et RYAN R.M. (2009). «Can nature make us more caring? Effects of immersion in nature on intrinsic aspirations and generosity», *Personality and Social Psychology Bulletin, 35,* 1315—1329.

## 20. 防盗橡树

DONOVAN G.H. et PRESTEMON J.P. (2012). «The effect of trees on crime in

Portland, Oregon», *Environment and Behavior, 44*, 3—30.
KUO F.E. et SULLIVAN W.C. (2001). «Environment and crime in the inner city: Does vegetation reduce crime?», *Environment and Behavior, 33*, 343—367.

## 21. 重视植物！

LOHR V.I., PEARSON-MIMS C.H. et GOODWIN G.K. (1996). «Interior plants may improve worker productivity and reduce stress in a windowless environment», *Journal of Environmental Horticulture, 14*, 97—100.
RAANAAS R.K., EVERSEN HORGEN K., RICH D., SJOSTROM G. et PATIL G. (2011). «Benefits of indoor plants on attention capacity in an office setting», *Journal of Environmental Psychology, 31*, 99—105.
SHIBATA S. et SUZUKI N. (2004). «Effects of an indoor plant on creative task performance and mood», *Scandinavian Journal of Psychology, 45*, 373—381.

## 22. "自然的"注意力

GRAHN P., MARTENSSON F., LINDBLAD B., NILSSON P. et EKMAN A. (1997). «Ute på dagis [Outdoors at daycare] », *Stad och Land* [City and country] , n° 145, Hässleholm, Suède, Norra Skåne Offset.
TAYLOR A.F. et KUO F.E. (2009). «Children with attention deficits concentrate better after walk in the park», *Journal of Attention Disorders, 12*, 402—409.
WELLS N.M. (2000). «At home with nature: Effects of "greenness" on children's cognitive functioning», *Environment and Behavior, 32*, 775—795.

## 23. 考试"植物学"

DALY J., BURCHETT M. et TOPY F. (2010). «Plants in classroom can improve student performance», internal document, Sydney, University of Technology.
DOXEY J., WALICZEK T.M. et ZAJICEK J.M. (2009). «The impact of interior plants in university classrooms on course performance and student perceptions of the course and instructor», *HortScience, 44*, 384—391.
HAN K.T. (2009). «Influence of limitedly visible leafy indoor plants on the psychology, behavior, and health of students at a junior high school in Taiwan», *Environment and Behavior, 41*, 658—692.

## 24. 工作环境中的绿色

BRINGSLIMARK T., PATIL G.G. et HARTIG T. (2008). «The association between indoor plants, stress, productivity and sick leave in office workers», *Acta Horticulturare, 775*, 117—121.
FJELD T. (2000). «The effects of interior planting on health and discomfort among workers and school children», *HortTechnology, 10*, 46—52.

232

KAPLAN R. et KAPLAN S. (1989). *The Experience of Nature: A Psychological Perspective*, Cambridge, New York, Cambridge University Press.

LEATHER P., PYRGAS M., BEALE D. et LAWRENCE C. (1998). «Windows in the workplace», *Environment and Behavior, 30*, 739—763.

SHIN W.S. (2007). «The influence of forest view through a window on job satisfaction and job stress», *Scandinavian Journal of Forest Research, 22*, 248—253.

## 25. 尼古拉，别总看着窗外发呆，赶快学习去

TENNESSEN C.M. et CIMPRICH B. (1995). «Views to nature: Effects on attention», *Journal of Environmental Psychology, 15*, 77—85.

## 26. "闻"香

BRADEN R., REICHOW S. et HALM M.A. (2009). «The use of the essential oil lavandin to reduce preoperative anxiety in surgical patients», *Journal of Perianesthesia Nursing, 24*, 348—355.

CAMPENNI C.E., CRAWLEY E.J. et MEIER M.F. (2004). «Role of suggestion in odor-induced mood change», *Psychological Reports, 94*, 1127—1136.

GRAHAM P.H., BROWNE L., COX H. et GRAHAM J. (2003). «Inhalation aromatherapy during radiotherapy: Results of a placebo-controlled doubleblind randomized trial», *Journal of Clinical Oncology, 21*, 2372—2376.

ITAI T., AMAYASU H., KURIBAYASHI M., KAWAMURA N., OKADA M., MOMOSE A., TATEYAMA T., NARUMI K., UEMATSU W. et KANEKO S. (2000). «Psychological effects of aromatherapy on chronic hemodialysis patients», *Psychiatry and Clinical Neurosciences, 54*, 393—397.

KAWAKAMI K., TAKAI-KAWAKAMI K., OKAZAKI Y., KURIHARA H., SHIMIZU Y. et YANAIHARA T. (1997). «The effects of odors on human newborn infants under stress», *Infant Behavior and Development, 20*, 531—535.

LEHRNER J., MARWINSKI G., LEHR S., JOHREN P. et DEECKE L. (2005). «Ambient odors of orange and lavender reduce anxiety and improve mood in a dental office», *Physiology & Behavior, 86*, 92—95.

MUZZARELLI L., FORCE M. et SEBOLD M. (2006). «Aromatherapy and reducing preprocedural anxiety: A controlled prospective study», *Gastroenterology Nursing, 29*, 466—471.

RAUDENBUSH B., KOON J., MEYER B., CORLEY N. et FLOWER N. (2004). «Modulation of pain threshold, pain tolerance, mood, workload, anxiety, and physiological stress measurements through odorant administration», *North American Journal of Psychology, 6*, 361—370.

REDD W.H., MANNE S.L., PETERS B., JACOBSEN P.B. et SCHMIDT H. (2009).

«Fragrance administration to reduce anxiety during MR imaging», *Journal of Magnetic Resonance Imaging, 4,* 623—626.

## 27. 香气 "益" 人

BARON R.A. et KALSHER M.J. (1998). «Effects of a pleasant ambient fragance on simulated driving performance: The sweet smell of...safety», *Environment and Behavior, 30,* 535—552.

DIEGO M.A., AARON JONES N., FIELD T., HERNANDEZ-REIF M., SCHANBERG S., KUHN C., MCADAM V., GALAMAGA R. et GALAMAGA M. (1998). «Aromatherapy positively affects mood, EEG patterns of alertness and math computations», *International Journal of Neuroscience, 96,* 217—224.

MILLOT J.L., BRAND G. et MORAND N. (2002). «Effects of ambient odors on reaction time in humans», *Neuroscience Letters, 322,* 79—82.

RAUDENBUSH B., CORLEY N. et EPPICH W. (2001). «Enhancing athletic performance through the administration of peppermint odor», *Journal of Sport & Exercises Psychology, 23,* 156—160.

RAUDENBUSH B., ESGRO W., GRAYHEM R., SEARS T. et WILSON I. (in press). «Effects of odorant administration on driving performance, safety, alertness, and fatigue», *North American Journal of Psychology.*

ROTTMAN T.R. (1989). «The effects of ambient odor on the cognitive performance, mood, and activation, of low and high impulsive individuals in a naturally arousing situation», dissertation doctorale.

WARM J.S., DEMBER W.N. et PARASURANAM R. (1991). «Effects of olfactory stimulation on performance and stress in a visual sustained attention task», *Journal of the Society of Cosmetics Chemists, 12,* 1—12.

ZOLADZ P. et RAUDENBUSH B. (2005). «Cognitive enhancement through stimulation of the chemical senses», *North American Journal of Psychology, 7,* 125—140.

## 28. 面包屋飘香

BARON R. (1997). «The sweet smell of...helping: Effects of pleasant ambient fragrance on prosocial behavior in shopping malls», *Personality and Social Psychology Bulletin, 23,* 498—503.

GRIMES M.B. (1999). «Helping behavior commitments in the presence of odors: Vanilla, lavender, and no odor», article en version hypertext, Georgia Southern University.

ZEMKE D.M.V. et SHOEMAKER S. (2006). «Scent across a crowded room: Exploring the effect of ambient scent on social interactions», *International Journal of Hospitality Management, 12,* 1—14.

## 29. 与你"香"遇

GUÉGUEN N. (2011). «Women exposure to pleasant ambient fragrance and receptivity to a man's courtship request», *Chemosensory Perception, 4*, 195—197.

GUÉGUEN N. (2012). «The sweet smell of...courtship: Effects of pleasant ambient fragrance on women receptivity to a man courtship request», *Journal of Environnemental Psychology, 32*, 123—125.

GUÉGUEN N. (soumis). «Smiling behavior of women exposed to pleasant ambient fragrance».

## 30. 你是我生命中的太阳

CUNNINGHAM M.R. (1979). «Weather, mood, and helping behavior: Quasi experiments with the sunshine Samaritan», dans *Journal of Personality and Social Psychology, 37*, 1947—1956.

GUÉGUEN N. (soumis). «"You are the sunshine of my life": Evidence of the effect of sunshine on dating requests».

GUÉGUEN N. et FISCHER-LOKOU J. (soumis). «Reciprocity of smiling according to wheather».

TUSTIN K., GROSS J. et HAYNES H. (2004). «Maternal exposure to first-trimester sunshine is associated with increased birth weight in human infants», *Developmental Psychobiology, 45*, 221—230.

## 31. 雨过天晴

GUÉGUEN N. et LEGOHÉREL P. (2000). «Effect on tipping of barman drawing a sun on the bottom of customers' checks», *Psychological Reports, 87*, 223—226.

RIND B. (1996). «Effect of beliefs about weather conditions on tipping», *Journal of Applied Social Psychology, 26*, 137—147.

RIND B. et STROHMETZ D. (2001). «Effect of beliefs about future weather conditions on restaurant tipping», *Journal of Applied Social Psychology, 31*, 2160—2164.

## 32. 阴暗行为!

GUÉGUEN N. (soumis). «Uncivil behavior and lighting».

GUÉGUEN N. et FISCHER-LOKOU J. (soumis). «Lighting and helping behavior».

LEWIS E.B. et SULLIVAN T.T. (1979). «Combating crime and citizen attitudes: A case study of the corresponding reality», *Journal of Criminal Justice, 7*, 71—79.

PAGE R.A. et MOSS M.K. (1976). «Environmental influences on aggression: The effects of darkness and proximity of victim», *Journal of Applied Social Psychology, 6*, 126—133.

PAINTER K. et FARRINGTON D.P. (2001). «The financial benefits of improved street lighting, based on crime reduction», *Lighting, Research and Technology, 33,* 3—12.

POYNER B. (1991). «Situational crime prevention in two parking facilities», *Security Journal, 2,* 96—101.

QUINET K.D. et NUNN S. (1998). «Illuminating crime: The impact of street lighting on calls for police service», *Evaluation Review, 22,* 751—779.

ZHONG C., BOHNS V.K. et GINO F. (2010). «Good lamps are the best police: Darkness increases self-interested behavior and dishonesty», *Psychological Science, 21,* 311—314.

## 33. 日丽 "人"清

SIMONSOHN U. (in press). «Clouds make nerds look good: Field evidence of the impact of incidental factors on decision making», *Journal of Behavioral Decision Making.*

## 34. 分贝与人的行为

APPLEYARD D. et LINTELL M. (1972). «The environmental quality of city streets: The residents' viewpoint», *Journal of American Institute of Planners,* mars, 84—101.

DONNERSTEIN E. et WILSON D.W. (1976). «Effects of noise and perceived control on ongoing and subsequent behaviour», *Journal of Personality and Social Psychology, 34,* 774—781.

KORTE C., YPMA I. et TOPPEN A. (1975). «Helpfulness in Dutch society as a function of urbanization and environmental input level», *Journal of Personality and Social Psychology, 32,* 996—1003.

MATHEWS K.E. JR. et CANON L.K. (1975). «Environmental noise level as a determinant of helping behavior», *Journal of Personality and Social Psychology, 32,* 571—577.

## 35. 妈妈，我需要安静

COHEN S., EVANS G.W., KRANTZ D.S., STOKOLS D. et KELLY S. (1981). «Aircraft noise and children: Longitudinal and cross-sectional evidence on adaptation to noise and the effectiveness of noise abatement», *Journal of Personality and Social Psychology, 40,* 331—345.

## 36. 沙沙，淙淙，啾啾

ARAI Y.C., SAKAKIBARA S., ITO A., OHSHIMA K., SAKAKIBARA T., NISHI T., HIBINO S., NIWA S. et KUNIYOSHI K. (2008). «Intra-operative natural sound decreases salivary amylase activity of patients undergoing inguinal hernia repair

236

GUÉGUEN N. (soumis). «Natural background noise and helping behavior».
Mathews K.E. Jr. et CANON L.K. (1975). «Environmental noise level as a
determinant of helping behavior», *Journal of Personality and Social Psychology, 32,*
571—577.

## 37. 温度的影响

ANDERSON C. et ANDERSON D. (1984). «Ambient temperature and violent
crime: Test of the linear and curvilinear hypotheses», *Journal of Personality and
Social Psychology, 46,* 91—97.
BARON R. (1972). «Aggression as a function of ambient temperature and prior
anger arousal», *Journal of Personality and Social Psychology, 21,* 183—189.
BARON R. et RANSBERGER V. (1978). «Ambient temperature and the
occurrence of collective violence: The "long hot summer" revisited», *Journal of
Personality and Social Psychology, 36,* 351—360.
SCHAFER J.A., VARANO S.P., JARVIS J.P. et CANCINO J.M. (2010). «Bad moon
on the rise? Lunar cycles and incidents of crime», *Journal of Criminal Justice, 38,*
359—357.

## 38. 小心满月

DOWLING K.W. (2005). «The effect of the lunar phases on domestic violence
incident rates», *The Forensic Examiner, 14,* 13—18.
MARTENS R., KELLY I.W. et SAKLOFSKE D.H. (1988). «Lunar phase and
birthrate: A 50-year critical review», *Psychological Reports, 63,* 923—924.
MARTIN S.J., KELLY I.W. et SAKLOFSKE D.H. (1992). «Suicide and lunar cycles:
A critical review over 28 years», *Psychological Reports, 71,* 787—795.
OWENS M. et MCGOWAN I.W. (2006). «Madness and the moon: The lunar
cycle and psychopathology», *German Journal of Psychiatry, 9,* 123—127.
ROGERS T.D., MASTERTON G. et MCGUIRE R. (1991). «Parasuicide and the
lunar cycle», *Psychological Medicine, 21,* 393—397.
ROTTON J. et KELLY I.W. (1985). «Much ado about the full moon: A meta-
analysis of lunar-lunacy research», *Psychological Bulletin, 97,* 286—306.
SANDS J.M. et MILLER L.E. (1991). «Effects of moon phase and other temporal
variables on absenteeism», *Psychological Reports, 69,* 959—962.
SIMON A. (1998). «Agression in a prison setting as a function of lunar phases»,
*Psychological Reports, 82,* 747—752.

## 39. 为什么老婆大人总要你注意垃圾分类？

EAGLY A. (1987). *Sex Differences In Social Behavior: A Social Role Interpretation,*

Hillsdale, N.J., Erlbaum.
GILLIGAN C. (1982). *In A Different Voice, Cambridge*, MA, Harvard University Press.
ZELEZNY L.C., CHUA P.P. et ALDRICH C. (2000). «Elaborating on gender differences in environmentalism-statistical data included», *Journal of Social Issues*, *56*, 443—457.

## 40. 爷爷对环保为什么总是有抵触情绪？

BUTTEL F.H. (1979). «Age and environmental concern: A multivariate analysis», *Youth and Society*, *10*, 237—256.
MOHAI P. et TWIGHT B. (1987). «Age and environmental concern: An elaboration of the Buttel model using national survey evidence», *Social Science Quaterly*, *68*, 798—815.

## 41. 祖母们的持家之道

CARLSSON-KANYAMA A., LINDÉN A.L. et ERIKSSON B. (2005). «Residential energy behavior: Does generation matter?», *International Journal of Consumer Studies*, *29*, 239—253.
LANSANA F. (1992). «Distinguishing potential recyclers from nonrecyclers: A basis for developing recycling strategies», *Journal of Environmental Education*, *23*, 16—23.
SWAMI V., CHAMORRO-PREMUZIC T., SNELGAR R. et FURNHAM A. (2011). «Personality, individual differences, and demographic antecedents of self-reported household waste management behaviours», *Journal of Environmental Psychology*, *31*, 21—26.

## 42. 钱能给我们的星球带来幸福吗？

GAMBA R. et OSKAMP S. (1994). «Factors influencing community resident's participation in commingled curbside recycling programs», *Environment and Behavior*, *26*, 587—612.
MASLOW A.H. (1970).*Motivation and Personality*, New York, Viking Press, 2ᵉ éd.
SHRODE J.R. et MORRIS M.H. (2008). «The influence of gender, race & party identification on attitudes about global warming», *Indiana Journal of Political Science*, *11*, 59—67.
VAN LIERE K.D. et DUNLAP R.E. (1980). «The social bases of environmental concern: A review of hypotheses, explanations and empirical evidence», *Public Opinion Quaterly*, *44*, 181—197.
VINING J. et EBREO A. (1990). «An evaluation of the public response to a

community recycling education program», *Society and Natural ressources, 2,* 23—36.

## 43. 政治信仰与环保意识

BUTTEL F.H. et FLINN W.L. (1978). «The politics of environmental concern: The impacts of party identification and political ideology on environmental attitude», *Environment and Behavior, 10,* 17—36.

HINE D.W. et GIFFORD R. (1991). «Fear appeals, individual differences, and environmental concern», *Journal of Environmental Education, 23,* 36—41.

VAN LIERE K.D. et DUNLAP R.E. (1980). «The social bases of environmental concern: A review of hypotheses, explanations and empirical evidence», *Public Opinion Quaterly, 44,* 181—197.

## 44. 城市与乡村

HUDDART-KENNEDY E., BECKLEY T.M., MC FARLANE B.L. et NADEAU S. (2009). «Rural-Urbain difference in environmental concern in Canada», *Rural Sociology, 74,* 309—329.

JONES R.E., FLY M.J., TALLEY J. et CORDELL H.K. (2003). «Green migration into rural America: The new frontier of environmentalism?», *Society and Natural Resource, 16,* 221—238.

TREMBLAY K.R. et DUNLAP R.E. (1978). «Rural-urban residence and concern with environmental quality», *Rural Sociology, 43,* 474—491.

## 45. 天性使然

HIRSH J.B. (2010). «Personality and environmental concern», *Journal of Environmental Psychology, 30,* 245—248.

HIRSH J.B. et DOLBERMAN D. (2007). «Personality predictors of consumerism and environmentalism: A preliminary study», dans *Personality and Individual Differences, 43,* 1583—1593.

SWAMI V., CHAMORRO-PREMUZIC T., SNELGAR R. et FURNHAM A. (2010). «Personality, individual differences, and demographic antecedents of self-reported household waste management behaviors», *Journal of Environmental Psychology, 31,* 21—26.

## 46. 问我爱你有多深？

DAVIS J.L., GREEN J.D. et REED A. (2009). «Interdependence with the environment: Commitment, interconnectedness, and environmental behavior», *Journal of Environmental Psychology, 29,* 173—180.

SCHULTZ P.W., SHRIVER C., TABANICO J.J. et KHAZIAN A.M. (2004).

«Implicit connections with nature», *Journal of Environmental Psychology*, *24*, 31—42.

## 47. 只听到你想听的

HOWLAND C.I. et MANDEL W. (1952). «An experimental comparison of conclusion-drawing by the communicator and by the audience», *Journal of Abnormal and Social Psychology*, *47*, 581—588.

MEIJNDERS A., MIDDEN C., OLOFSSON A., ÖHMAN S., MATTHES J., BONDARENKO O., GUTTELING J. et RUSANEN M. (2009). «The role of similarity cues on the development of trust in source of information about G.M. Food», *Risk Analysis*, *29*, 1116—1128.

PRIESTER J.R. et PETTY R.E. (2003). «The influence of a spokesperson trust-worthiness on message elaboration, attitude strength, and advertising effectiveness», *Journal of Consumer Psychology*, *13*, 408—421.

## 48. 广告宣传

BANDURA A. (1977).*Social Learning Theory*, New York, Prentice-Hall.

STAATS H., WIT A.P. et MIDDEN C.Y.H. (1996). «Communicating the greenhouse effect to the public: Evaluation of a mass media campaign from a social dilemma perspective», *Journal of Environmental Management*, *45*, 189—203.

WINETT R.A., LECKLITER I.N., CHINN D.E., STAHL B. et LOVE S.Q. (1985). «Effect of television modeling on residential energy conservation», *Journal of Applied Behavioral Analysis*, *18*, 33—44.

## 49. 恐惧的作用

HASS J.W., BAGLEY G.S. et ROGERS W.R. (1975). «Coping with the energy crisis: Effect of fear», *Journal of Applied Psychology*, *60*, 7⊠—756.

HINE D.W. et GIFFORD R. (1991). «Fear appeals, individual differences, and environmental concern», *Journal of Environmental Education*, *23*, 36—41.

## 50. 环保标签

GRANKVIST G., DAHLSTRAND U. et BIEL A. (2004). «The impact of environmental labelling on consumer preference: Negative vs. positive labels», *Journal of Consumer Policy*, *27*, 213—230.

MAGNUSSON M.K., ARVOLA A., KOIVISTO HURSTI U.K., ÅBERG L. et SJÖDÉN P.O. (2001). «Attitudes towards organic foods among Swedish consumers», *British Food Journal*, *103*, 209—227.

240

## 51. 没有决定就是决定

FARHAR B.C. (1999). «Willingness to pay for electricity from renewable resources: A review of utility market research (NREL/TP. 550.26148) », Golden, CO, National Renewable Energy Laboratory.
PICHERT D. et KATSIKOPOULOS K.V. (2008). «Green defaults: Information presentation and pro-environmental behaviour», *Journal of Environmental Psychology, 28*, 63—73.
ROE B., TEISL M.F., RONG H. et LEVY A.S. (2001). «Characteristics of consumer preferred labeling policies: Experimental evidence from price and environmental disclosure for deregulated electricity service», *Journal of Consumer Affair, 35*, 1—2.
WÜSTENHAGEN R. (2000).*Ökostrom-von der Nische zum Massenmarkt: Entwicklunggpersperktiven und Marketingstrategien für eine zukunftsfähige Elektrizitätbranche*, Zurich, vdf-Hochschulverlag.

## 52. "收买"不来的环保意识!

IYER E.S. et KASHYAP R.K. (2007). «Consumer recycling: Role of incentives, information, and social class», *Journal of Consumer Behaviour, 6*, 32—47.
KATZEV R. et BACHMAN W. (1982). «Effects of deferred payment and fare manipulations on urban bus ridership», *Journal of Applied Psychology, 67 (1)*, 83—88.
NEEDLEMAN L.D. et GELLER E.S. (1982). «Comparing interventions to motivate work-site collection of home-generated recyclables», *American Journal of Community Psychology, 20*, 775—785.

## 53. 看菜吃饭,看表用"气"

VAN HOUWELINGEN J.H. et VAN RAAIJ W.F. (1989). «The effect of goal-setting and daily electronic feedback on in-home energy use», *Journal of Consumer Research, 16*, 98—105.

## 54. 节约能源让谁受益?

GRAHAM J., KOO M. et WILSON T.D. (2011). «Conserving energy by inducing people to drive less», *Journal of Applied social Psychology, 41*, 106—118.

## 55. 量体裁衣

ABRAHAMSE W., STEG L., VLEK C. et ROTHENGATTER T. (2007). «The effect of tailored information, goal setting, and tailored feedback on household energy use, energy related behaviors, and behavioral antecedents», *Journal of

*Environmental Psychology, 27,* 265—276.

MCMAKIN A.H., MALONE E.L. et LUNDGREN R.E. (2002). «Motivating residents to conserve energy without financial incentives», *Environment and Behavior, 34,* 848—843.

WINETT R.A., LOVE S.Q. et KIDD C. (1983). «The effectiveness of an energy specialist and extension agents in promoting summer energy conservation by home visits», *Journal of Environmental Science, 12,* 61—70.

## 56. 示范性规范

CIALDINI R.B., RENO R.R. et KALLGREEN C.A. (1990). «A focus theory of normative conduct: Recycling the concept of norms to reduce littering in public places», *Journal of Personality and Social Psychology, 58,* 1015—1026.

MILGRAM S., BICKMAN L. et BERKOWITZ L. (1969). «Note on the drawing power of crowds of different size», *Journal of Personality and Social Psychology, 13,* 79—82.

## 57. 欢迎来到加州旅馆

GOLDSTEIN N., CIALDINI R. et GRISKEVICIUS V. (2008). «A room with a viewpoint: Using social norms to motivate environmental conservation in hotels», *Journal of Consumer Research, 35,* 472—482.

SCHULTZ P.W, KHAZIAN A.M. et ZALESKI A.C. (2008). «Using normative social influence to promote conservation among hotel guests», *Social Influence. 3,* 4—23.

## 58. 邻居家的草坪总是更绿？

CIALDINI R.B., KALLGREEN C.A. et RENO R.R. (1991). «A focus theory of normative conduct», *Advances in Experimental Social Psychology, 24,* 201—234.

SCHULTZ P.W., NOLAN J.M., CIALDINI R.B., GOLDSTEIN N.J. et GRISKEVICIUS V. (2007). «The constructive, destructive and reconstructive power of social norm», *Psychological Science, 18,* 429—434.

## 59. 只做表面文章?

FELONNEAU M.L. et BECKER M. (2008). «Pro-environmental attitudes and behavior: Revealing perceived social desirability», *Revue internationale de psychologie sociale, 21,* 25—50.

## 60. 枯木逢"暖"

BERKOWITZ L. et LEPAGE A. (1967). «Weapons as aggression-eliciting stimuli», *Journal of Personality and Social Psychology, 7,* 202—207.

GUÉGUEN N. (2012). «Indoor plants appearance on belief in global warming», *Journal of Environmental Psychology, 32,* 173—177.

JACOB C., GUÉGUEN N. et BOULBRY G. (2011). «Presence of various figurines on a restaurant table and consumer choice: Evidence for an associative link», *Journal of Foodservice Business Research, 14,* 47—52.

## 61. 气温的影响

JOIREMAN J., TRUELOVE H. et DUELL B. (2010). «Effect of outdoor temperature, heat primes and anchoring on belief in global warming», *Journal of Environmental Psychology, 30,* 358—367.

LI Y., JOHNSON E.J. et ZAVAL L. (2011). «Local warming: Daily temperature change influences belief in global warming», *Pscyhological Science, 22,* 454—459.

## 62. 当爱只是一种想象

DAVIS J.L., GREEN J.D. et REED A. (2009). «Interdependence with the environment: Commitment, interconnectedness, and environmental behavior», *Journal of Environmental Psychology, 29,* 173—180.

SCHULTZ P.W, SHRIVER C., TABANICO J.J. et KHAZIAN A.M. (2004). «Implicit connections with nature», *Journal of Environmental Psychology, 24,* 31—42.

## 63. 人终有一死

FRITSCHE I., JONAS E., NIESTA KAYSER D. et KORANYI N. (2010). «Existential threat and compliance with pro-environmental norms», *Journal of Environmental Psychology, 30,* 67—79.

## 64. 我有垃圾分类的自由

GUÉGUEN N. MEINERI S., MARTIN A. et GRANDJEAN I. (2010). «The combined effect of the Foot-in-the-Door technique and the "But You Are Free" technique: An evaluation on the selective sorting of household wastes», *Ecopsychology, 2,* 231—237. PASCUAL A. et GUÉGUEN N. (2002). «La technique du "Vous êtes libre de...": Induction d'un sentiment de liberté et soumission à une requête ou le paradoxe d'une liberté manipulatrice», *Revue internationale de psychologie sociale, 15,* 45—82.

## 65. 一诺千金

JOULE R.-V. et BEAUVOIS J.-L. (1998). *La Soumission librement consentie,* Paris, PUF.

KIESLER C.A. (1971). *The Psychology of Commitment. Experiments Liking Behavior to Belief,* New York, Academic Press.

PARDINI A.U. et KATZEV R.D. (1983). «The effect of strength of commitment on newspaper recycling», *Journal of Environmental Systems, 13*, 245—254.

## 66. 群体效应

LEWIN K. (1947). «Group decision and social change», dans NEWCOMB T.M. et HARTLEY E.L. (eds.), *Readings in Social Psychology*, New York, Holt.
WANG T.H. et KATZEV R. (1990). «Group commitment and resource conservation: Two field experiments on promoting recycling», *Journal of Applied Psychology, 20*, 265—275.

## 67. 没有兑现的奖励

CIALDINI R. (2004).*Influence et manipulation. Comprendre et maîtriser les mécanismes et les techniques de persuasion*, Paris, First.
CIALDINI R.B., CACIOPPO J.T., BASSETT R. et MILLER J.A. (1978). «Low-ball procedure for producing compliance: Commitment then cost», *Journal of Personality and Social Psychology, 36*, 463—476.
PALLACK M.S., COOK D.A. et SULLIVAN J.J. (1980). «Commitment and energy conservation», *Applied Social Psychology Annual, 1*, 235—253.
PALLAK M.S. et CUMMINGS N. (1976). «Commitment and voluntary energy conservation», *Personality and Social Psychology Bulletin, 2*, 27—31.

## 68. 当坚持遇到自由

DUFOURC-BRANA M., PASCUAL A. et GUÉGUEN N. (2006). «Déclaration de liberté et pied-dans-la-porte», *Revue internationale de psychologie sociale, 19*, 173—187.
FREEDMAN J. et FRASER S. (1966). «Compliance without pressure: The foot-in-the-door technique», *Journal of Personality and Social Psychology, 4*, 195—202.
JOULE R.-V. et BEAUVOIS J.-L. (1998).*La Soumission librement consentie. Comment amener les gens à faire librement ce qu'ils doivent faire?*, Paris, PUF.

## 69. 勿以善小而不为

BEM D.J. (1972). «Self-perception theory», dans L. BERKOWITZ (ed.), *Advances in Experimental Social Psychology, 6*, New York, Academic Press, 1—62.
GOLDMAN M., SEEVER M. et SEEVER J. (1982). «Social labeling and the foot-in-the-door effect», *The Journal of Social Psychology, 117*, 19—23.
MEINERI S. et GUÉGUEN N. (soumis). «Kick his butt! The foot-in-the-door paradigm as a method to increase people's reactions to an environmental incivility».
70. to be or not to be
MILLER R.L., BRICKMAN P. et BOLEN D. (1975). «Attribution versus persuasion

as a means for modifying behavior», *Journal of Personality and Social Psychology*, *31*, 430—441.

## 71. 言必行，行必果

DICKERSON C.A., THIBODEAU R., ARONSON E. et MILLER D. (1992). «Using cognitive dissonance to encourage water conservation», *Journal of Applied Social Psychology*, *11*, 841—854.
FESTINGER L. (1957).*A Theory of Cognitive Dissonance*, Stanford, CA, Stanford University Press.

## 72. "撕掉"虚伪

LOPEZ A., LASSARE D. et RATEAU P. (2011). «Dissonance et engagement: comparaison de deux voies d'intervention visant à réduire les ressources énergétiques au sein d'une collectivité territoriale *Pratiques psychologiques*, *17*, 263—284.

## 73. 行为的意义

MEINERI S. et GUÉGUEN N. (sous presse). «Pied-dans-la-porte et identification de l'action, la communication engageante appliquée au domaine de l'environnement», *Revue européenne de psychologie appliquée*.
VALLACHER R.R. et WEGNER D.M. (1985).*A Theory of Action Identification*, Londres, LEA.

## 74. 学科交叉

ABRIC J.-C. (1987).*Coopération, compétition et représentations sociales*, Cousset, DelVal.
MOSCOVICI S. (1961).*La Psychanalyse, son image et son public*, Paris, PUF.
ZBINDEN A., SOUCHET L., GIRANDOLA F. et BOURG G. (2011). «Communication engageante et représentations sociales: une application en faveur de la protection de l'environnement et du recyclage», *Pratiques psychologiques*, *17*, 285—299.

## 75. 以小"博"大

BLANCHARD G. et JOULE R.V. (2006). «La communication engageante au service du tri des déchets sur les aires d'autoroutes: une expérience pilote dans le Sud de la France», 2ᵉ Colloque international pluridisciplinaire éco-citoyenneté, Marseille, 9-10 novembre.
GIRANDOLA F., BERNARD F. et JOULE R.V. (2010). «Développement durable et changement de comportement: applications de la communication engageante», dans K. WEISS et F. GIRANDOLA (eds.), *Psychologie et développement durable*, Paris, éditions InPress.

**图书在版编目(CIP)数据**

自然的好,你知多少? /(法)尼古拉·盖冈,(法)
塞巴斯蒂安·梅那里著;李佳译.—上海:格致出版
社:上海人民出版社,2017.6
  ISBN 978 - 7 - 5432 - 2745 - 3

  Ⅰ.①自…  Ⅱ.①尼…  ②塞…  ③李…  Ⅲ.①环境心
理学  Ⅳ.①B845.6

  中国版本图书馆 CIP 数据核字(2017)第 069828 号


责任编辑  程筠函
美术编辑  路  静

**自然的好,你知多少?**

[法]尼古拉·盖冈  塞巴斯蒂安·梅那里  著
李  佳译

| | | | | |
|---|---|---|---|---|
| 出  版 | 世纪出版股份有限公司  格致出版社<br>世纪出版集团  上海人民出版社<br>(200001  上海福建中路 193 号  www.ewen.co) | 印  刷 | 上海商务联西印刷有限公司 |
| | | 开  本 | 720×1000  1/16 |
| | | 印  张 | 15.75 |
| | 编辑部热线  021-63914988<br>市场部热线  021-63914081<br>www.hibooks.cn | 插  页 | 3 |
| | | 字  数 | 125,000 |
| | | 版  次 | 2017 年 6 月第 1 版 |
| 发  行 | 上海世纪出版股份有限公司发行中心 | 印  次 | 2017 年 6 月第 1 次印刷 |

ISBN 978 - 7 - 5432 - 2745 - 3/B · 29                    定价:45.00 元